未来IT図解
Illustrate the future of "IT"

これからの5G
ビジネス

石川 温／著

エムディエヌコーポレーション

©2020 Tsutsumu Ishikawa. All rights reserved.
本書に掲載した会社名、プログラム名、システム名などは一般に各社の商標または登録商標です。
本文中では ™、® は明記していません。
本書のすべての内容は著作権法上の保護を受けています。
著者、出版社の許諾を得ずに、無断で複写、複製することは禁じられています。
本書は2019年12月現在の情報を元に執筆されたものです。
これ以降の仕様等の変更によっては、記載された内容と事実が異なる場合があります。
著者、株式会社エムディエヌコーポレーションは、
本書に掲載した内容によって生じたいかなる損害に一切の責任を負いかねます。
あらかじめご了承ください。

はじめに

　2020年春、日本で5G（第5世代移動通信システム）の商用サービスが始まります。

　これまでの4Gは「人」がスマートフォンで通信を行うという用途が中心でした。これからの5Gは、「人」だけでなく「あらゆるもの」が通信するための手段となりそうです。

　5Gに対応したスマートフォンを持つと、5Gに対応した「あらゆるもの」と通信を行うようになります。たとえば、5Gスマートフォンを持って買い物に行けば、何もしなくてもスマートフォンとレジが通信を行い、決済が完了するようになるでしょう。

　5Gスマートフォンには、いまよりもさらに進化したAIが搭載され、ユーザーのしたいことを察知し、適切なタイミングで情報やサービスを提供してくれるようになるでしょう。5Gスマートフォンは、あなたの「秘書」として大活躍してくれるはずです。外国語がまったく話せなくても、5GスマートフォンのAIが相手の言葉を理解し、通訳してくれるようになります。もちろん、自分の言葉も外国語に翻訳してくれます。

　また、5Gはあらゆる産業を変えると期待されています。

　たとえば、工場の機器や自動車、飛行機などにセンサーを取り付け、5Gによって通信を行えば、センサーが機器のわずかな変化を捉えて分析し、「まもなく故障する」という通知を事前に送ってくれるようになります。

　5Gサービスが始まると、大量のデータがクラウドにアップされます。クラウドではAIによって、ビッグデータを処理するようになります。

　世間では「デジタルトランスフォーメーション（DX）」という言葉が聞かれるようになりました。デジタルによって、あらゆる産業が変化していかなくてはなりません。あなたの日々の仕事、あなたの職業、あなたの会社にデジタルトランスフォーメーションが求められます。その重要なエンジンとなるのが「5G」なのです。

　今後、10年間、5Gは我々の生活になくてはならないものになります。ただ、ここ最近は「5Gバブル」の様相を呈しており、ややメディアやキャリアが過剰にあおっている面もあります。

　本書では5Gの基礎知識から活用事例、今後の展望などを冷静にまとめました。5Gは2020年春から始まりますが、「真の5G」が始まるのはもう少し先になります。本書を読めば「真の5Gはいつからなのか」「5Gの本質とは何なのか」が見えてくると思います。

石川 温

INTRODUCTION

5Gで
世界が大きく変わる!!

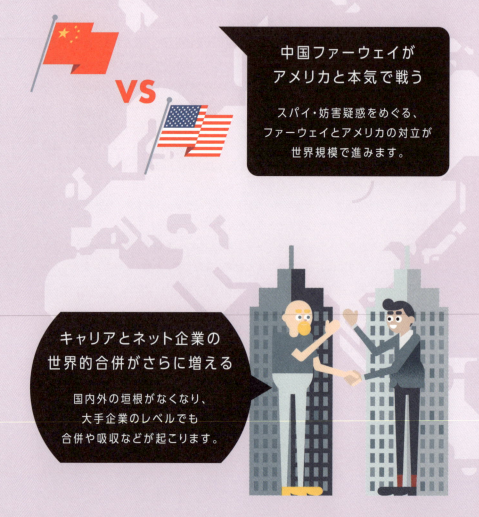

**中国ファーウェイが
アメリカと本気で戦う**

スパイ・妨害疑惑をめぐる、
ファーウェイとアメリカの対立が
世界規模で進みます。

**キャリアとネット企業の
世界的合併がさらに増える**

国内外の垣根がなくなり、
大手企業のレベルでも
合併や吸収などが起こります。

INTRODUCTION

2020年春、日本でサービス開始となる5G（第5世代移動通信システム）。
先行して導入されたアメリカや韓国では、
業界再編や新事業の立ち上げなどの動きが活発になっています。
5Gが世界的に普及すると、何が起こるのでしょうか？

**アップルが
ますます人気になる**

5G対応の新機種や
5Gモデム開発が成功すれば、
世界的なヒットが見込まれます。

**グーグルがさらに
ユーザーの個人情報を使って
便利なサービスを提供する**

閲覧動画や検索履歴などを
活用した、5Gの新サービスが
登場するかもしれません。

005

INTRODUCTION

暮らし、ビジネスも
こんなに変わる！

通勤電車には乗らず、
会議にはVRで参加

すでにテレビ電話で会議を行う企業はありますが、VR技術により1カ所に集まらなくても、バーチャルな空間で会議が行われます。毎朝、通勤しなくてもよくなるかも。

支払いはキャッシュレス
乗車はタッチレスに

5Gの応用技術により、紙幣や硬貨を使わないキャッシュレス決済がさらに進みます。また、乗り物に乗る際に、ICカードのタッチさえ必要がなくなっていきます。

交通事故で
被害に遭う人が減る

5Gは自動運転をはじめ、渋滞緩和や事故の発生確率を下げるために活用できます。道路網に浸透すれば、人間のミスによる事故が減るでしょう。

5Gサービスが拡大すると、企業の取り組みや働き方、提供されるサービスが変化すると見られています。その結果、身の回りではどういうことが起こるでしょうか？代表的な例を紹介します。

INTRODUCTION

「働き手不足」が解消される

建設・飲食業界やインフラの保守・運用などにおいて、5GとIoT・AIを利用した機器の遠隔操作が広がっています。人手不足の解消が期待されます。

「ポツンと一軒家」でも都会と変わらない快適な暮らしができる

現在、過疎地で生活するには、さまざまな不便を覚悟しなければいけません。5Gによって通信環境が改善すると、便利なモノ・サービスが手に入りやすくなります。

病院に行かなくても高度な診察が受けられる

画像診断の技術がさらに進み、通信環境が改善すれば、専門医が遠隔から診察することが可能です。また、医師の業務そのものの負担も軽減されます。

007

目次

CONTENTS

5Gで世界が大きく変わる!! ……………………………………………… 004

PART1
そもそも5G(第5世代移動通信システム)とは?

01 いつでもどこでもつながるモバイル通信のしくみ ………………… 014

02 モバイル通信に欠かせない電波のしくみ ……………………… 016

03 10年ごとに進化してきたモバイル通信システム ……………… 018

04 iPhone登場で世界はどう変わったか ………………………… 020

05 2020年春スタート　5Gとは何か? ………………………… 022

06 5Gの特長①　幅広い周波数帯を使って
　　　　　　　かつてない「高速・大容量」を実現 …………… 024

07 5Gの特長②　クルマの遠隔運転に欠かせない「超低遅延」 ………… 026

08 5Gの特長③　IoT時代に不可欠な「多数端末接続」 ………… 028

09 5G時代にこそ真価が問われる4Gネットワーク ……………… 030

10 5Gを支える2つのネットワーク ……………………………… 032

11 楽天モバイルが強みとしている完全仮想化ネットワーク ……… 034

12 ネットワークを使い分けられるネットワークスライシング ……… 036

13 国内4キャリア　5Gの現状はどうなっているのか? ………… 038

14 5Gスマートフォンを買うベストタイミングは? ……………… 040

[まとめ]5Gとはどういうものか? ……………………………… 042

[COLUMN]アメリカや中国で
　　　　　5Gがいち早く広がり始めたのはなぜか …………… 044

PART2
5Gで世の中がどう変わる?

01 モバイル業界の覇権争い 〜勝者の条件とは? ……………………… 046

02 世界初はどこだ? 〜韓国vs.アメリカの「世界初5G」競争 ………… 048

03 日本のキャリア動向 〜ニッポンの5Gは世界に出遅れている? ……… 050

04 キャリア大手3社がいっせいに言い始めた「きょうそう」とは? ……… 052

05 スマートフォンが周辺機器の「ハブ」に変わる時代 ………………… 054

06 料金はどうなる? 〜韓国、アメリカは8,000円が相場。日本は? …… 056

07 5Gならではのニーズが生んだ折りたたみ式スマートフォン ………… 058

08 2in1タブレットパソコンの登場
　　〜モバイルなのにPC並みの高性能 …………………………………… 060

09 スマートグラス 〜メガネ型ウェアラブル端末 ……………………… 062

10 VR(仮想現実) 〜5Gの高速配信で普及をねらう ………………… 064

11 遠隔運転車両「ニューコンセプトカートSC-1」
　　〜車窓がエンターテインメントや広告の空間に ………………………… 066

12 MR(複合現実) 〜現実と仮想空間の融合がもたらす進化 ………… 068

13 5G×カメラ×AIでビジネスが大きく変わる ……………………………… 070

14 地域産業の育成 〜軽種馬の様子を8Kカメラと5Gでチェック …… 072

15 小売業界 〜5Gスマホ普及で無人店舗が一般的に …………………… 074

16 重機を遠隔操作 〜人手不足と労働環境を改善 ……………………… 076

17 遠隔ロボット 〜離島の医療から救助活動まで ……………………… 078

18 自動運転① 〜ひとりで複数のトラックを走らせる ………………… 080

19 自動運転② 〜過疎地で期待される無人販売カー・無人タクシー ……… 082

CONTENTS

20 IoT　～サッカーボールにセンサーを内蔵して選手を解析 ……………… 086

21 医療　～無医村でも5Gで遠隔診断を実現 ……………………………… 088

22 教育　～学校こそ無線LANではなくセルラー回線が求められる ……… 090

23 地方創生　～5Gでは人口カバー率より「基盤展開率」を重視 ………… 092

24 農業　～労働力不足をカバー、天候リスクの回避にも役立つ ………… 094

25 ドローン
　　　～カメラと5Gを搭載してインフラやセキュリティ分野で活躍 ……… 096

26 運輸　～電車や飛行機はタッチレスで乗る時代へ …………………… 098

27 工場　～リアルタイム性と安定性を実現したスマート工場へ ………… 100

28 観光　～列車の窓がタッチパネルに ……………………………………… 102

29 ライブ
　　　～複数のカメラアングルを自分で自由に切り替えて楽しめる ………… 104

30 クラウドゲーム　～各社が相次いでプラットフォームを強化 ………… 106

31 スポーツ観戦　～マルチアングルから自分が見たい映像をチョイス … 108

32 放送　～5G中継で機動力を生かした中継を実現 ……………………… 110

33 SNS　～5G時代には動画編集がキラーアプリとなる ……………… 112

34 スマートシティ　～街中のあらゆるものが通信でつながる …………… 114

[まとめ]5Gでビジネスはどう変わるか? ……………………………………… 116

[COLUMN]5Gの有効活用をめざして
　　　　　　　試行錯誤を重ねるキャリア ……………………………… 118

PART3
世の中が変わる意味、さらなる未来

01 MEC ～超低遅延を実現する通信技術 …………………… 120

02 高精度位置情報×5G ～誤差数cmの測位サービスが実現 ………… 122

03 5GがもたらすモバイルとIT業界の再編 ……………………… 124

04 2つのeSIM ～手軽に通信キャリアを切り替え可能 ……………… 126

05 楽天モバイル ～新規参入キャリアが目指すもの ……………… 128

06 アメリカはなぜファーフェイを警戒するのか ……………… 130

07 アップルvs.クアルコム ～和解の背景 …………………… 132

08 5G普及の足かせになる総務省の端末割引規制 ……………… 134

09 端末割引規制で戦々恐々のスマートフォンメーカー ……………… 136

10 過熱する5Gへの期待に警鐘を鳴らす ……………………… 138

11 プラチナバンドで5Gを全国展開する
   ダイナミックスペクトラムシェアリング ……………………… 140

12 格安スマホの今後の展開 ～MVNOからVMNOへ ……………… 142

13 企業や自治体が展開する「ローカル5G」サービス ……………… 144

14 空から携帯電話の電波を降らせるHAPS ……………………… 146

15 2030年、6Gに向けての動き …………………………… 148

[まとめ] 5Gは未来をどう変えるか …………………………… 150

用語解説 …………………………………………………… 152

索引 ………………………………………………………… 158

著者紹介 …………………………………………………… 159

PART

1

そもそも5G（第5世代移動通信システム）とは？

SECTION 01:

PART1　そもそも5Gとは？

いつでもどこでもつながる
モバイル通信のしくみ

携帯電話は無線で通信を行っています。
携帯電話会社は、全国に基地局というアンテナを設置。
ユーザーがどこにいるかをリアルタイムで把握し、
音声通話やインターネット接続を可能にしています。

◆ 基地局が媒介となって通話が可能になる

　スマートフォンをはじめ、携帯電話は無線を使って音声やデータを送受信します。携帯電話と携帯電話の間で音声のやりとりをするためには、仲介となる基地局（アンテナ）が必要となります。基地局は全国各地に存在し、大手電気通信事業者（キャリア）のNTTドコモ、KDDI、ソフトバンクなどは各社、約20万局を所有しています。1つの基地局でカバーできる電波の範囲（通信エリア）は限られているため、広いエリアをカバーするには多数の基地局が必要だからです。

　携帯電話から発信された音声データは、基地局から交換局を経由し、同じ携帯電話会社の相手に届きます。他社の携帯電話サービスを使っている相手には、他ネットワーク相互接続点（POI）を経由して届きます。また、メールやSNS、ウェブ閲覧はサーバーを経由して情報がやり取りされます。

◆ ネットワークが利用者の最新の位置情報を常に把握

　携帯電話で発信や着信するには、その携帯電話が存在する場所をネットワーク上で把握する必要があります。携帯電話の電源を入れると、基地局との間で自動的に信号の授受が行われ、位置情報が把握されます。位置情報は一定間隔でやり取りされるので、別の場所に移動しても、その情報は携帯電話の所在を管理しているサービス制御局で随時、最新の位置情報に書き換えられます。そのため、着信があった場合は、どこにいてもサービス制御局からの情報をもとに、交換局経由で最寄りの基地局から呼び出すことができるのです。

[01] 携帯電話サービスのしくみ

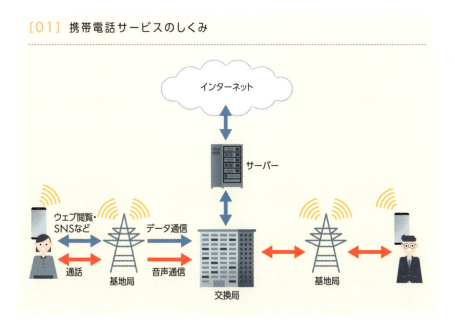

[02] 携帯電話の位置情報の管理

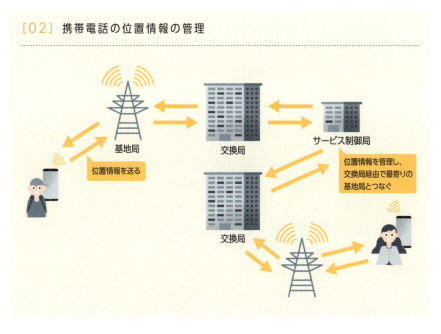

SECTION 02:

PART1 そもそも5Gとは？

モバイル通信に欠かせない
電波のしくみ

モバイル通信に欠かせないのが「電波」です。
しかし、ひとくちに「電波」といっても、じつは種類があります。
つながりやすい電波、大容量のデータを運ぶ電波など、
携帯電話会社は複数の電波を組み合わせてサービスを提供しています。

◆ 周波数によって変わる電波の特徴

　電波とは電気エネルギーの波のことです。電波の大きさは周波数で表し、単位にはヘルツ（Hz）が使われます。ヘルツは1秒間にくり返される波の数を表したもので、1秒間に10回くり返されれば10Hzとなります。

　携帯電話にはさまざまな電波が利用されており、それぞれの特徴を生かしてネットワークを構築しています。たとえば、使われている電波のうち、高い周波数（2GHzや1.7GHz）は光の性質に、低い周波数（800MHz）は音の性質に似ています。高い周波数の電波は光に似て、建物などの障害物に当たると反射します。反射することで遠くへ行くほど弱まっていくのですが、携帯電話に用いられている技術ではこの反射をも利用して通信できるようにしています。

◆キャリア各社が重宝する「プラチナバンド」とは？

　低い周波数は、音に似ているため、建物などの障害物のへりを回り込んで伝わることがあります。高周波数よりも電波が届きやすく、広範囲をカバーしやすいという特長があります。とくに700〜900MHz帯は有益とされ、業界では「プラチナバンド」とも呼ばれています。

　各携帯電話事業には、総務省から周波数帯を割り当てられ、それを利用して携帯電話サービスを提供していますが、2006年にソフトバンクがボーダフォン（英Vodafoneグループの日本法人）を買収して携帯電話事業に参入した際はこの低い周波数帯を持っていませんでした。そのため、利用時に「圏外」と表示される

ことが少なくなく、クレームが殺到していました。そこで、孫正義社長はプラチナバンドを割り当ててもらうよう、総務省に長年、アピール。現在は900MHz帯を保有するようになっています。

[03] 周波数による電波の用途

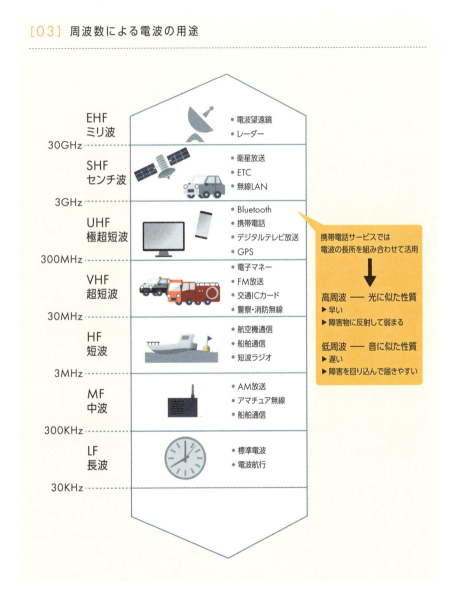

SECTION 03:

10年ごとに進化してきた モバイル通信システム

PART1 そもそも5Gとは？

携帯電話のネットワークは日々、進化しています。
そして、約10年ごとに世代が変わっています。
世代が変わるたびに、通信は高速化し、
使い方にも変化が起きているのです。

◆ 移動通信システムは約10年ごとに新世代が登場

　携帯電話の歴史を振り返ると、およそ10年に一度、世代が変わっていることが
わかります。

　携帯電話が最初に登場したのは1985年。ショルダーホンという重さ3キロ、肩
にかけて使うものでした。この第1世代はアナログでしたが、1993年にデジタル
方式（PDC：Personal Digital Cellular）が登場、第2世代に変わりました。

　携帯電話が一般に普及し始めたのは1994年と言われています。それまではNTT
移動通信網各社（現NTTドコモ）とDDIセルラー・IDOの2グループしかありま
せんでしたが、デジタルホングループ、ツーカーセルラーが新規参入したことで
競争が激化しました。また、レンタル方式から売り切り制になったことで1円や0
円の携帯電話が登場し、ユーザーが急増したのです。さらに1999年、NTTドコモ
からはiモード、DDIセルラー・IDOからはEZaccess・EZwebが開始され、携
帯電話の用途は「話す」から「使う」へと変化しました。

◆ 第3世代LTEは10倍の速度を実現

　2001年10月にはNTTドコモがFOMA（Freedom Of Mobile multimedia
Access：マルチメディアへの移動体のアクセスの自由）をスタート。W-CDMA
という世界的にも普及が見込まれる無線通信方式が採用され、第3世代に切り替
わりました。2007年にはアップルがiPhoneを発売しましたが、当時は世界的に
普及しているGSM方式であり、第2世代の技術が使われていました。第3世代の

W-CDMAに対応したのは2008年のことです。この年、ソフトバンクがiPhone 3Gを採用し、日本で独占的に発売したのでした。

2010年10月にはNTTドコモがXiを開始。技術的にはLTEと呼ばれるもので、これにより第4世代となりました。LTEはLong Term Evolutionの略で、新たな技術や周波数を足していくことで速度を進化させていこうという技術です。開始当初は受信時最大112.5Mbpsでしたが、いまでは1Gbps超と10倍近い速度に進化しています。

そして2020年、5Gがスタートしようとしています。

[04] モバイル通信システムの進化

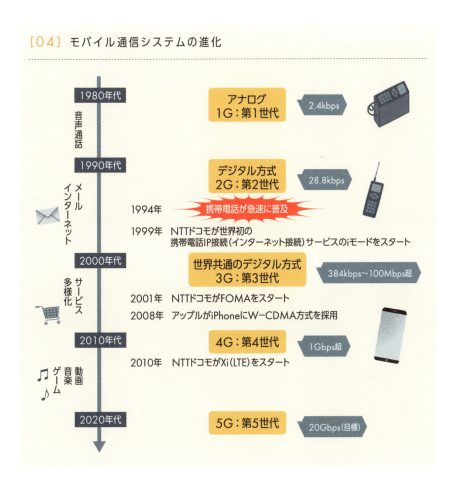

SECTION 04:

PART1 そもそも5Gとは?

iPhone登場で
世界はどう変わったか

アップルがiPhoneを発売したことで、世界は一変しました。
アプリが流通し、さまざまなサービスが生まれました。
iPhoneが世界的に普及したことで、インターネット上に
国際的な「プラットフォーム」が誕生したのです。

◆ 衝撃的だったiPhoneのデビュー

2007年6月、アップルがiPhoneを初めて発売。当時はアメリカのみでの販売だったため、衝撃的なデビューを目撃しようと、筆者は発売日にハワイに飛び、アップルストアに並んで購入しました。そのときの興奮はいまでも忘れません。

iPhoneが我々の生活を大きく変えたのは、アプリがあったからこそです。携帯電話が全盛だった当時も、フルキーボードやペンで操作するスマートフォンらしきものは存在していました。しかし、iPhoneが革新的だったのは、誰もが直感的に操作できるよう画面を指で触るタッチパネルを採用したことです。しかも初代iPhoneではアップルが作ったアプリしか使えませんでしたが、その後、第三者がアプリを開発できるようになり、iPhoneやiPadに配信できるしくみが備わったことで、世界が一変しました。

◆ 誰もが世界中にアプリを販売できるしくみが人々の生活を変えた

iPhoneは世界中で同じ画面サイズのものが売られています。どの国のアプリ開発者でも、世界中に自作のアプリを販売できるチャンスがあります。しかも有料アプリの場合、アップルがユーザーから代金を回収してくれます。

これまではパソコンのソフトを開発し、販売しようと思えば、パソコンショップなどにCD-ROMの入った箱を置いてもらう必要がありました。当然ながら、そこまで販売力のある開発者は大手に限られます。

一方、アップルが運営するアプリケーションのダウンロードサービスであるApp

020

Storeでは、誰もがアプリを世界中のiPhoneやiPadに向けて配信できます。これによりFacebookやAmazon、Netflix、Uber、Twitterなど、世界を席巻するアプリやサービスが誕生したのです。

SECTION 04　iPhone登場で世界はどう変わったか

[05] iPhoneの販売台数

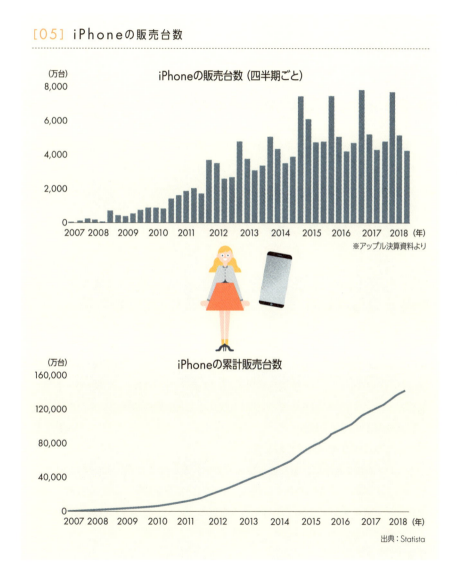

SECTION 05:

2020年春スタート
5Gとは何か？

いよいよ5Gが本格的にスタートします。
新しい周波数帯を使うことで高速化を図ります。
さらに、電波の飛ばし方も工夫します。
一部の技術はすでに4Gにも取り入れられています。

◆来るIoT時代には5Gが不可欠

　2020年代にはスマートフォンだけでなく、車やエアコン、電灯など、身の回りのあらゆるモノがインターネットにつながる時代になります。いわゆる IoT（Internet of Things）時代です。あらゆるデバイスがインターネットにつながるため、それに適した最新のネットワークが必要になります。

　それが第5世代移動通信システム、通称5G（5th Generation）です。5Gの最たる特長は、「高速・大容量」「超低遅延」「多数端末接続」です。

◆電波の飛ばし方を工夫して、高速・安定化を実現

　5Gを実現するにあたって、おもに2つの取り組みが進行しています。1つは高速・大容量を実現するために、周波数帯域幅を広げること。5Gでは、4Gで使われていた3.6GHz以下の周波数帯に加え、3.6 GHzや4.5GHz、28GHz帯の利用を前提としています。これらの電波は4Gに比べると長い距離を飛びにくいため、4Gの周波数帯でエリアを確保しつつ、必要に応じてピンポイントで5Gの周波数を利用するというやり方が考えられます。

　もう1つの取り組みが、電波の飛ばし方です。利用する技術はMassive MIMOといい、送信側と受信側の双方で複数のアンテナ素子を使い、同じ周波数でありながら、複数のアンテナ素子からデータを送ることで、使用する周波数帯は増やさずに通信を高速化、品質を向上させます。とくに送信側のアンテナが大幅に増えます。

さらに、電波を特定方向に送信するビームフォーミングという技術を用いることで電波の強度を上げ、遠くまで高速で飛ばせるようにします。ユーザーが移動した際にはビームトラッキングという技術で、ユーザーを追いかけるようにして電波の飛ぶ方向を調整します。
　Massive MIMOはすでに4Gでも一部取り入れられていますが、こうした複数の技術を組み合わせることで、5Gを実現しようとしているのです。

[06] 5Gの3つの特長

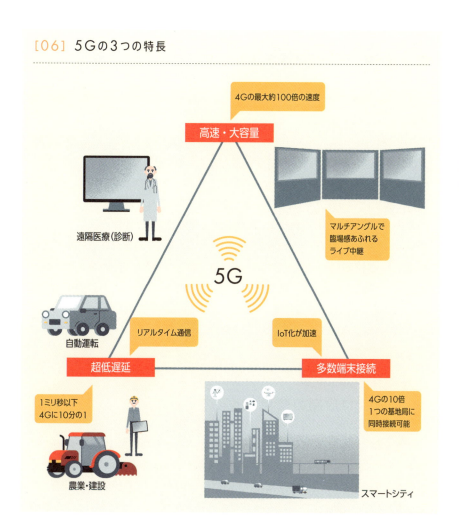

SECTION 06：5Gの特長①

PART1　そもそも5Gとは？

幅広い周波数帯を使って
かつてない「高速・大容量」を実現

5Gでは広い周波数帯域を使って
超高速化を実現しています。
単にインターネットの速度が速くなるだけでなく
「使い放題プラン」も期待されています。

◆高速・大容量化で何が変わるか

　モバイル通信を高速化させる、もっとも手っ取り早い方法は「周波数の幅を広げること」に尽きます。

　4Gの時代は、おもにキャリアアグリゲーションという手法が取られ、携帯電話会社が所有する複数の周波数帯を束ねることで高速化を実現してきました。たとえば、KDDIでは2014年5月に2つの周波数を束ねて下り最大150Mbps、2015年10月には3つで300Mpbs、2017年9月には4つで558Mbps、2018年9月には5つで758Mbps、2019年9月には6つで1288Mbpsを達成しています。

　5Gでは、まず、4G時代には使われていなかった新しい周波数帯を利用します。4Gに比べて1つあたりの周波数帯が広いため、高速通信が可能となります。たとえば、4Gでは1帯域幅あたり最大20MHz幅に制限されていましたが、5Gでは、最大400MHzまで拡張できるため、さらなる高速通信が可能になるのです。

　また、前のSECTIONで述べたMassive MIMOやビームフォーミングの技術も役立っています。

◆ネット使い放題の時代がやってくる

　高速・大容量のネットワークになることで、もっとも期待されているのが映像のやり取りです。モバイル環境でも、4Kや8Kといった高精細な映像の視聴や送信が当たり前になるでしょう。また、XR（X Reality：VR〈仮想現実〉やAR〈拡張現実〉などの総称）などのデータ容量の大きいコンテンツなどもモバイル環境

で扱えるようになります。

　ただ、誰もが大容量のやり取りができるということは、それだけ通信コストが下がることを意味します。5Gではどのような設定になるかわかりませんが、いずれにしても、「ネット使い放題」という料金体系になっていくでしょう。やがて自宅に固定インターネット回線がなくても、スマートフォンの5G回線さえあればいいという環境になるかもしれません。

[07] 5Gの高速・大容量の理由

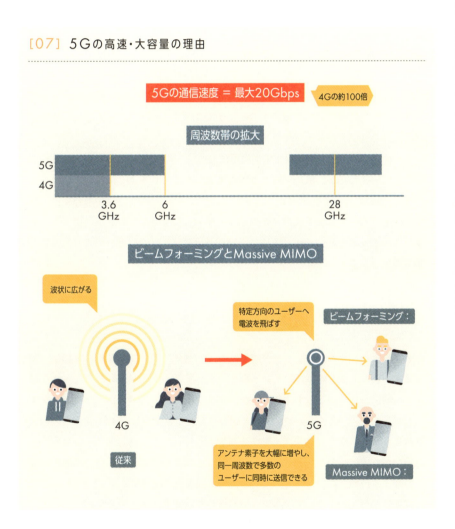

SECTION 07:5Gの特長②

PART1 そもそも5Gとは？

クルマの遠隔運転に欠かせない「超低遅延」

5Gで期待されている「超低遅延」。
反応が速くなることで
クルマの遠隔運転などを実現しやすくなりますが、
一方で課題もあります。

◆超低遅延を可能にした技術

　5Gでは無線フレームを短くすることにより、4Gに比べて同一量のパケットデータを送る際の通信時間を短くすることができます。無線フレームとは、無線通信における送信データの単位です。

　この結果、端末から基地局までの通信において、4Gでは10ミリ秒程度の遅延が発生していましたが、5Gでは1ミリ秒程度まで短縮できるようになりました。

　また、MEC（マルチアクセスエッジコンピューティング、P.120参照）により、従来はインターネット上にあったクラウドサーバーを基地局の周辺に置くことで、インターネットを経由せずに迅速に、超低遅延にデータを処理して送り返すことが可能となります。

◆5Gが超低遅延でも動画の処理には課題が残る

　超低遅延という特長は、とくにクルマなどを遠隔で制御する際に必要になってきます。たとえば遠隔操作でブレーキを踏んだ場合、4Gでは瞬時にブレーキを踏んでも間に合わないこともありますが、5Gならそうしたリスクが大幅に減ります。

　ただし、リアルタイムの動画配信と組み合わせるとなると、5Gの超低遅延のよさは生かしきれなくなります。動画を撮影し、圧縮して伝送し、さらに再生する処理を行う際に、どうしても時間がかかってしまうからです。現在、動画を一瞬で処理する技術も開発されていますが、この課題を解決せずには、どれほど5Gの無線部分が低遅延でも、リアルタイムの配信には限界があるのです。

[08] 5Gの超低遅延の理由

SECTION 07 クルマの遠隔運転に欠かせない「超低遅延」

4Gの1／10

5Gの超低遅延 = 無線区間で0.001秒程度

無線フレームのサイズを短縮

4G(LTE)の
TTI(Transmission Time Interval：伝送時間間隔)は1ミリ秒

1ms
↓
0.25ms

5Gでは0.25ミリ秒に

データ送受信時の待ち時間が1／4に短縮

※送信間隔を短縮しつつ、より多くのデータを送れるようにしている

MEC（マルチアクセスエッジコンピューティング）の活用

従来の通信

基地局　　　インターネット　　クラウド

MEC

基地局　　MECサーバー　　インターネット　　クラウド

一部をMECサーバーで処理

SECTION 08：5Gの特長③

IoT時代に不可欠な「多数端末接続」

PART1　そもそも5Gとは？

IoT時代には大量の機器を管理する必要があります。
すべての機器が安定して通信するには
5Gネットワークが最適ですが、
一方で「5Gは不要」という説もあります。

◆IoT時代を支える5Gの「多数端末接続」という特長

さまざまなモノがインターネットにつながるIoT時代には、膨大な数のデバイス安定してネットにつながり、通信できる必要があります。

4Gでは1平方キロメートルあたりに10万台のデバイスが同時接続できるとされていましたが、5Gでは100万台のデバイスが同時接続可能になります。

街なかであればガスや水道のメーターが通信対応になったり、海外では放牧している牛などにセンサーと通信機器をつけて管理する、といった用途が期待されます。ヨーロッパのキャリア関係者の中には「高速・大容量や低遅延は従来の発展形でビジネスになりにくい。5Gで儲けるならIoTだ」という意見もあります。

◆多数端末接続に5Gは不要という説も

IoT向けで展開する場合、必ずしも5Gではなくてもいいという論もあります。すでにIoT向けの通信サービスとして、携帯電話会社が免許を得て提供しているLTE Cat-M1やNB-IoT、免許不要で提供しているLoRaWANやSigfoxといった技術があります。たとえば、全国を縦横無尽に移動するトラックを管理したい場合には、キャリアが提供し、全国のエリアをカバーしているNB-IoTが向いています。一方、工場内や敷地内など限られた場所のみで使いたいときには免許不要のLoRaWANやSigfoxが最適です。

「既存の技術を使えば、大半のIoT需要はカバーできる」（国内キャリア関係者）という声も多く、必ずしも5Gを待つ必要はないようです。

[09] 既存のIoT向け無線通信技術

SECTION 08　IoT時代に不可欠な「多数端末接続」

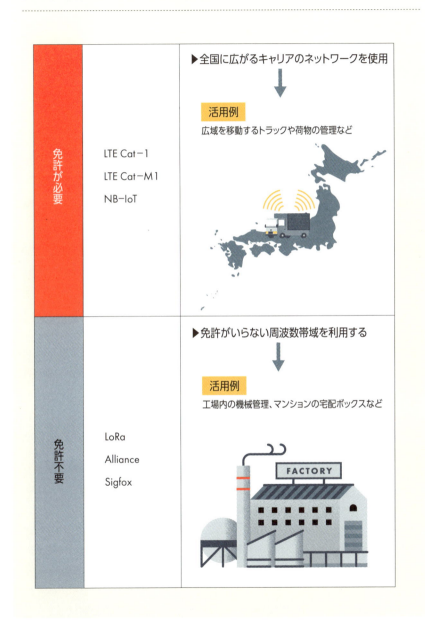

029

SECTION 09:

5G時代にこそ真価が問われる4Gネットワーク

PART1 そもそも5Gとは？

期待されている5Gですが、
サービス開始からすぐに全国津々浦々で使えるようにはなりません。
そこで、重要になってくるのが4Gです。
各携帯電話会社は4Gの整備にも注力しています。

◆4Gネットワークに磨きをかける既存キャリア

　5Gは飛びにくい周波数帯の電波を利用しているということもあり、サービス開始当初は局所的に使われる見込みです。たとえば、スタジアムやライブ会場だけ、あるいは交差点や駅のホームなど人が集中する場所を中心にエリア化するイメージです。これは、ユーザーが一定の範囲内にとどまるような使い方であればよいのですが、モバイル、つまり端末を携帯して移動するとなると、おのずと5Gの電波エリアから出てしまうことになります。

　そのため、NTTドコモ、KDDI、ソフトバンクの大手3社は5G時代に向けて、「むしろ4Gエリアが重要」というスタンスを取っています。4Gでも速度は1Gbps程度（理論値）ですから、事足りるサービスも多いはずです。3社とも全国に4Gネットワークを展開し、地下鉄やビル内、離島や夏場の富士山頂まで、すでにあらゆる場所を4Gエリア化しています。KDDIの高橋誠社長は「4G（の品質）をピカピカに磨きあげる。5Gと4Gのハイブリッドカーのようなネットワークを目指す」と言っています。

◆4Gと5Gのハイブリッドネットワークを目指す

　4Gはいわばガソリン車、5Gは電気自動車です。将来的には明らかに電気自動車が主流になりますが、現状は充電場所が限られ、全国津々浦々を行くには不安が残ります。同様に現状は全国に広がる4Gネットワークが中心ですが、いずれ5Gネットワークに移行していくでしょう。一方、このタイミングで新規参入した

楽天モバイルは4Gよりも5Gに注力しています。はたして、どちらの戦略が吉と出るでしょうか。

[10] 5G時代の幕開けには4Gネットワークが不可欠

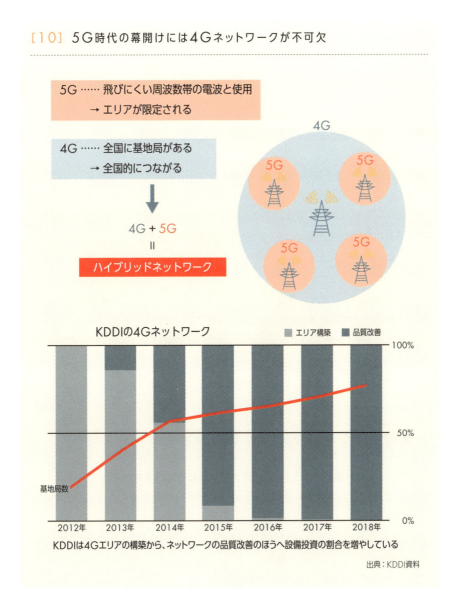

SECTION 09　5G時代にこそ真価が問われる4Gネットワーク

SECTION 10:

5Gを支える
2つのネットワーク

PART1 そもそも5Gとは？

ひとくちに5Gネットワークと言っても
2つの運用の仕方が存在します。
サービス開始当初は5Gの真価は発揮されません。
「真の5G」は数年、待つ必要がありそうです。

◆サービス開始当初の5Gは5Gではない…？

　5Gサービス開始当初は、既存の4Gコアネットワーク（通信事業者のネットワーク）に5G対応の基地局が連携する形で展開するNSA（Non-Standalone）という構成で運用されます。開始初期は5Gのエリアは限定的で、4Gのエリアのほうが圧倒的に広いです。全国に5Gサービスを展開していく上で、4Gコアネットワークをベースにしたほうがコストを安く抑えられるというメリットがあるのです。

　その後、5Gのエリアが広がったタイミングで、キャリア各社はSA（Standalone）という構成に切り替えていきます。コアネットワークが5Gに対応したものとなるため、超高速、多数端末接続、高信頼・低遅延といった要求を満たすネットワークに進化します。ネットワークスライシング（P.36参照）にも対応、MEC（Multi Access Edge Computing、P.120参照）の導入も加速します。もちろん4Gネットワークも、5Gコアネットワークに連携する形で引き続き運用されていきます。

◆真の5Gサービスに切り替わるタイミングは？

　5Gがいわば「真の5G」として、さまざまな技術的な進化が期待できるようになるには、SAに切り替わったタイミングまで待つ必要があります。そのときには全国規模で5Gがつながるようになるでしょう。

　5Gのサービス開始自体は2020年春ですが、SAでの運用開始はそれから2、3年、待つ必要があると見られています。

032

[11] 5G通信サービスの展開

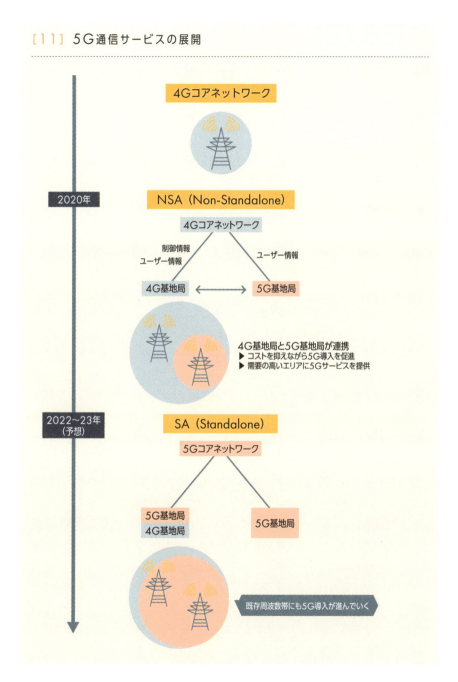

SECTION 10　5Gを支える2つのネットワーク

SECTION 11:

楽天モバイルが強みとしている
完全仮想化ネットワーク

第4のキャリアとして楽天が新規参入しました。
彼らが武器としているのが「完全仮想化ネットワーク」です。
既存のキャリアにはないしくみで、
安価な通信料金プランを実現するつもりです。

◆汎用サーバーで安価にネットワークを構築

　第4のキャリアとして新規参入する楽天モバイルが、既存3社（NTTドコモ、KDDI、ソフトバンク）にはない武器としているのが「完全仮想化ネットワーク」です。

　3社には20年以上の歴史があります。1Gもしくは2Gからサービスを開始し、3G、4Gと進化してきましたが、幾度となくネットワーク設備を増強してきました。

　一方の楽天モバイルはゼロからの参入です。厳しい状況に見えますが、逆に最新の技術を使ってネットワークを構築できます。楽天が選んだのは、「完全仮想化」という手法です。

　従来のキャリアは、携帯電話会社向けの専用設備・機器を導入してきました。携帯電話会社しか使わない専用機器であるため、購入する会社は世界でも限られており、とにかく高額です。

　楽天モバイルは、携帯電話サービスに必要な設備をすべてソフトウェア化してしまいました。それを汎用のコンピューター上で稼働させるといいます。楽天モバイルでは楽天がネット通販用に導入しているサーバーと同じものを調達し、携帯電話会社のネットワークを運用していきます。つまり、汎用品であるため、導入コストが圧倒的に安いのです。

　楽天モバイルでは、コアネットワークに加えて、RAN（Radio Access Network：無線アクセスネットワーク）も仮想化しています。コアネットワークの一部を仮想化するのは日本の他のキャリアでも実現していますが、RANまで完全仮想化するのは世界初といいます。

◆ 安価なネットワークでユーザーに低料金プランを提供

　無線ネットワークが仮想化されると、基地局にはアンテナと配電盤、バッテリーぐらいしか必要なくなります。既存3社ではほかに無線関連設備も不可欠ですが、この方式では基地局の機材等が減る分、設置場所が狭くてすみます。

　楽天モバイルは完全仮想化ネットワークでコストを抑えることで、ユーザーに対して低料金のプランを提供するつもりです。ただ、既存キャリアの幹部からは「完全仮想化ネットワークの実現は相当難しい。お手並み拝見といったところだ」という厳しい意見も聞かれます。楽天モバイルがサービス開始後も安定的に運用できるのか、注目されます。

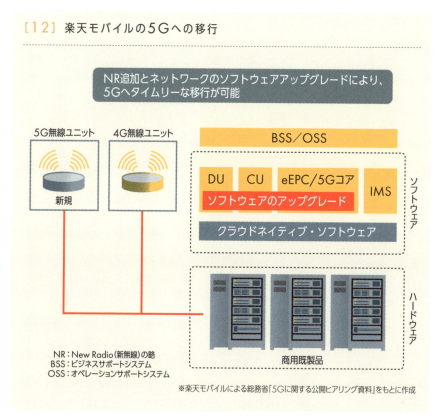

[12] 楽天モバイルの5Gへの移行

※楽天モバイルによる総務省「5Gに関する公開ヒアリング資料」をもとに作成

SECTION 12:

PART1 そもそも5Gとは？

ネットワークを使い分けられる
ネットワークスライシング

5Gではさまざまな用途でネットワークが使われます。
しかし、使用目的によって求められるネットワークの仕様も異なります。
5Gでは用途に合わせたネットワークを提供できるよう
新しい技術が取り入れられています。

◆用途別に最適な通信方法を提供

　5GをSA（P.32参照）で運用できるようになると、さらにネットワークは進化します。ネットワークスライシングという技術が投入されるからです。

　従来の4Gネットワークでは、あらゆるデータがまとめて送受信されていました。たとえて言えばスマートフォンでの動画再生、ゲーム、メールなど、あらゆる用途のデータが1つの土管の中を流れていたようなものです。

　「ネットワークスライシング」とはこの土管を仮想的にスライス、つまりネットワークを分割することで、用途別に流れるデータを変える技術です。これにより、超低遅延や高信頼性といった5Gの特長を確保しやすくなります。

◆同じ5Gネットワークでも求められるニーズはさまざま

　5G時代には、データの用途によって、ネットワークに求められる要件が変わります。たとえば、4Kや8Kといった高精細の動画を大量に流すには、大容量のネットワークが必要です。この際、ネットワークが超低遅延であるかはあまり関係ありません。

　一方、ドローンやパワーショベルなどを遠隔で操縦したいときには、超低遅延のネットワークのほうが機器の反応がリアルタイムに把握でき、操縦しやすくなります。もちろん、この際には大容量である必要はありません。

　また、仮に5Gネットワークを経由して遠隔で手術ロボットを操作する時代が訪れた場合、ネットワークには超低遅延に加えて高信頼性が求められます。ネット

ワークが一瞬でも落ちたら人命に関わるので、何よりも安定してデータをやり取りできる信頼性がなくてはなりません。

こうしたことから、ネットワークを分割し、それぞれの用途に最適なネットワークを提供するネットワークスライシングが有効になるのです。

[13] ネットワークスライシング

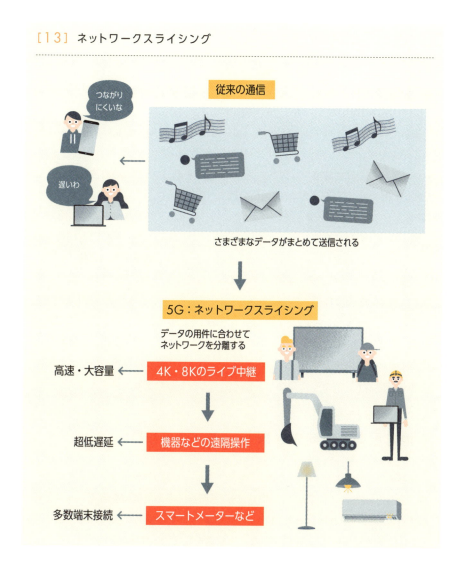

SECTION 13:

PART1 そもそも5Gとは？

国内4キャリア 5Gの現状はどうなっているのか？

日本では2020年春に5Gサービスが始まります。
国内に携帯電話キャリアは4社ありますが、
5Gネットワークの構築の仕方や基地局数には
大きなばらつきがあります。

◆5G実現に向けて3つの周波数帯を4社に割当

　海外ではもう商用サービスが始まっている5Gですが、日本は2020年春から始まる予定です。すでに国内キャリア4社に周波数帯が割り当てられ、各社とも5G対応基地局を全国に設置する作業を進めています。日本では5Gの周波数帯として3.7GHz帯、4.5GHz帯、28GHz帯の3種類、10枠があり、NTTドコモとKDDIが各3枠、ソフトバンクと楽天モバイルが各2枠、割り当てられました。

　割当枠が多いほど高速なサービスを提供できますが、ソフトバンクは「5Gの周波数帯は扱うのが難しいので背伸びはしなかった。4Gの電波を有効に使う」という考えを示し、2枠で十分というスタンスのようです。一方、KDDIは「世界的に採用されている周波数帯を確保できた。世界で流通している端末を調達しやすい」と満足していますし、NTTドコモは「3.7GHz帯は他の電波との干渉問題があり、厄介。4.5GHzを獲得できて喜んでいる」と聞きます。このように、周波数帯の獲得についてはキャリア各社で立場や考え方が違います。数年後には「どの周波数帯を獲得して正解だったのか」が見えてくるかもしれません。

◆地方展開に前向きなNTTドコモとKDDI

　総務省は周波数を割り当てる際、「地方できちんとエリア展開するか」を見るため、全国を10キロメッシュに区切り、5G基盤展開率の計画値を各キャリアに提出させました。それによりNTTドコモとKDDIが全国展開に前向きで、とくにKDDIは基地局を4万以上設置するなど、意欲を見せています。

038

[14] 5Gの現状

5G周波数の割り当て

3.7GHz帯 100MHz × 2枠 + 28GHz帯 400MHz = 計600MHz

3.7GHz帯
4.5GHz帯

| NTTドコモ 100MHz | KDDI沖縄セルラー電話 100MHz | 楽天モバイル 100MHz | ソフトバンク 100MHz | KDDI沖縄セルラー電話 100MHz | | NTTドコモ 100MHz |

3.6GHz 3.7GHz 3.8GHz 3.9GHz 4.0GHz 4.1GHz 4.5GHz 4.6GHz

28GHz帯

| 楽天モバイル 400MHz | NTTドコモ 400MHz | KDDI沖縄セルラー電話 400MHz | | ソフトバンク 400MHz |

27.0GHz 27.4GHz 27.8GHz 28.2GHz 29.1GHz 29.5GHz

	NTTドコモ	KDDI	ソフトバンク	楽天モバイル
サービス開始時期	2020年春	2020年3月	2020年3月ごろ	2020年6月ごろ
5G基盤展開率	97.0%	93.2%	64.0%	56.1%
基地局数（局）	13,002	42,863	11,210	23,735

出典：総務省資料

SECTION 13　国内4キャリア　5Gの現状はどうなっているのか？

SECTION 14:

PART1　そもそも5Gとは？

5Gスマートフォンを買う
ベストタイミングは？

5Gサービスを体感するには5Gに対応したスマートフォンが必要です。
では、5Gスマートフォンはいつごろ購入するのがベストなのでしょうか。
キャリアはいつごろをターゲットにしているのか、
メーカーの動向からその答えが見えてきました。

◆「2021年がターゲット」と語るキャリア幹部

　5Gネットワークを使うには、5Gに対応したスマートフォンを新たに購入しなくてはなりません。今、利用している4G対応のスマートフォンは、5Gエリアに入っても4Gしか使えません。

　では、5Gスマートフォンを買うベストタイミングはいつなのでしょうか。

　2020年春から、各社いっせいに5Gサービスを本格的に展開します。その時点で購入し、友達に自慢するのもアリでしょう。しかし、エリアは限定的になりそうなので、いつでもどこでも5Gを体感できるようにはならないかもしれません。

◆iPhoneの5G対応は2020年秋ごろか？

　あるキャリア大手幹部は「2021年をターゲットにしている」と語ります。理由としては、ある程度エリアが拡大し、5G対応スマートフォンが増え始めるため、さまざまな選択肢から選べるようになることです。現状では韓国や中国メーカーが5Gスマートフォンを作っていますが、2020年から21年にかけて他のメーカーも参入してくるでしょう。中国メーカーは1,000元（約1万5,000円）の5Gスマートフォンを準備しています。とくに、日本のユーザーに人気が高いiPhoneも、2020年秋ごろに5G対応型が発売されるようです。

　韓国では、端末の割引販売によって、5Gスマートフォンのほうが4Gスマートフォンより安いということもあり、一気に普及しました。日本でも、5Gスマートフォンを早期に普及させるために端末割引の復活が望まれそうです。

040

[15] 5Gスマートフォンの普及（予想）

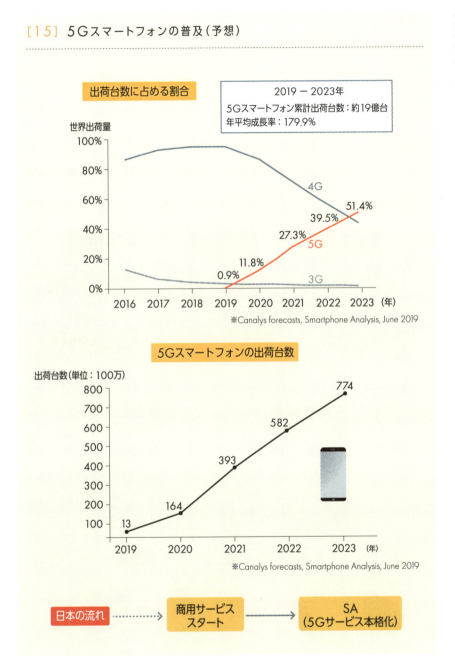

SECTION 14　5Gスマートフォンを買うベストタイミングは？

041

PART1のまとめ

［ 5Gとは どういうものか？ ］

1　5Gの基本的な特長は？

5Gとは第5世代（5th Generation）移動通信システムのこと。日本では2020年3月ごろから商用サービスがスタートします。5Gの特長はおもに「高速・大容量」、「超低遅延」、「多数端末接続」の3つです。

2　移動体通信システムはこう進化してきた

スマートフォンをはじめ、携帯電話に欠かせない移動体通信システムは約10年ごとに新しい世代が登場し、進化してきました。第1世代（1G）が誕生したのは1980年代。当時は通話機能のみでしたが、その後、デジタル方式に切り替わったのを境にサービスの多様化が進み、人々のライフスタイルを大きく変えていきました。そして2020年、5Gがスタートします。

PART1では、携帯電話やスマートフォンの技術の進化とともに、5Gの現況や特徴にふれ、ネットワークについても解説しました。その内容をおさらいしましょう。

3 5Gネットワークを支える技術とは？

かつてない高速・大容量や超低遅延、多数端末接続といった特長を持つ5G。それらを可能にする技術の代表が、電波を特定方向に送信するビームフォーミング、データを基地局のそばで処理するMEC、アンテナ素子を大幅に増やすMassiveMIMO、データの用途に最適なネットワークを提供するネットワークスライシングなどです。

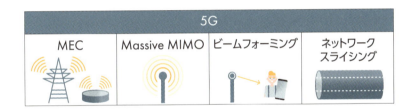

4 5Gの今後の展開は？

2020年春からキャリア各社がいっせいに5Gサービスをスタートさせますが、しばらくは5Gが楽しめるエリアは限定的になる見込みです。これは、サービス開始当初は既存の4Gコアネットワークに5G基地局を連携させて運用するNSA（Non-Standalone）方式が中心となるため。コアネットワークが5G対応になるSA（Standalone）方式に本格的に切り替わっていくのは、2、3年後と見られています。

PART1 そもそも5Gとは？

COLUMN | 5Gの小噺①

アメリカや中国で5Gがいち早く広がり始めたのはなぜか

　2019年が「元年」といわれる5Gですが、じつはアメリカでは2018年には5Gが始まっていました。

　通信キャリア大手のベライゾンが2018年10月よりヒューストン、インディアナポリス、ロサンゼルスなどで家庭向けの5G通信サービスを月額50ドル（スマートフォン契約者の場合）で提供を開始していたのです。

　このサービスはスマートフォンではなく、家庭向けの固定インターネット回線の代替として提供されています。窓の外側にアンテナを設置し、自宅に向けてWi-Fiを飛ばすというものです。通信速度は300Mbps程度で、場所によっては1Gbps程度が出るところもあるようです。

　アメリカは国土が広大であるため、個々の住宅にまで高速なインターネット回線が敷設されていない場所が多く存在します。インターネットの最終接続工程についてよく「ラストワンマイル（最後の1マイル）」といった言い方をしますが、住宅に光ファイバーを敷設する代わりに5G回線で高速なインターネット環境を提供しようという試みです。

　じつは中国も似たような状況にあります。中国の場合は、巨大なマンションや団地で光ファイバーが敷設されていないことがあります。そのため、マンションや団地の前に5Gの基地局を建設し、建物に向かって一気に5Gの電波を飛ばすことで、まとめて高速なインターネット環境を提供しています。

PART

2

5Gで世の中が
どう変わる？

SECTION 01:

PART2 5Gで世の中がどう変わる?

モバイル業界の覇権争い
〜勝者の条件とは?

モバイル業界では単にスマホを売るだけがビジネスではありません。
さまざまな技術に対して研究開発を行い、
通信やサービスに必要な「特許」を押さえておくことが重要です。
多くの特許を持つことで、モバイル業界の覇者になれることもあります。

◆ モバイル業界では特許が最大の武器になる

　モバイル業界で覇権を握るには、特許が最大の武器になります。

　基地局やスマートフォンなどに使われる通信や周辺技術で特許を取得しておけ
ば、それだけ特許料が入ります。基地局やスマートフォンを売らなくても、特許
料だけで相当の収益をあげることも不可能ではありません。2013年ごろ、マイク
ロソフトは、自社のスマートフォンであるWindows Phoneが鳴かず飛ばずであ
ったにもかかわらず、Androidメーカー各社から毎年約20億ドル（約2,160億円）
の特許使用料を得ていたとされるほどです。

　また、特許権があれば、他社の特許を使用したい際も「自社の特許と交換で無
料で使用できるようにしましょう」というクロスライセンス契約を結べば、他社
の特許をタダで使うこともできます。

◆ 勢いを増すクアルコムとファーウェイ

　2Gのころは GSM（Global System for Mobile Communications）というヨ
ーロッパを中心とした通信技術により、ノキアやエリクソンが特許で多額の収益
を上げ、世界を席巻していました。とくにノキアは、世界中で人気の携帯電話端
末メーカーでした。

　その後、時代が3Gから4Gになり、勢力を拡大しているのがクアルコムです。ク
アルコムは自社で半導体を製造せず、工場を持っていません。代わりに通信に関
する特許を豊富に持ち、モバイル端末向けモデムやCPUとして抜群の機能を持つ

Snapdragonを開発。台湾などの半導体生産メーカーに製造を委託し、Androidメーカーに納入しています。

5G時代に勢いを増しそうなのが中国・ファーウェイです。5Gに関する特許所有数は世界1位を誇ります。まず、中国向けに大量に基地局を製造することで、大量生産につながり、結果として基地局の低廉化を実現。安さを求めて世界のキャリアがこぞってファーウェイの基地局を購入するのです。

トランプ政権の輸出禁止措置などによってファーウェイには逆風が吹いているように見えますが、実際には今なお世界最大の通信機器メーカーであり、基地局、端末ともに売上は好調で、アメリカと日本以外ではシェアを拡大しています。今後、5Gによってさらに勢いづくでしょう。

[01] 5G関連の特許権を取得するおもなメリット

1. 特許技術の独占使用
▶ 競合他社よりも優位に立てる

2. 特許料収入

基地局

3. 信用度アップ
▶ 消費者からの信頼が高まる
▶ 資金調達もしやすくなる

4. クロスライセンス契約
▶ 他社の知的財産権を相互に行使できる

世界の5G関連特許権所有数トップ5

1	ファーウェイ（中国）
2	ノキア（フィンランド）
3	ZTE（中国）
4	LGエレクトロニクス（韓国）
5	サムスン電子（韓国）

※独IPリティックス

SECTION 01 モバイル業界の覇権争い ～勝者の条件とは？

SECTION 02:

PART2　5Gで世の中がどう変わる？

世界初はどこだ？
〜韓国vs.アメリカの「世界初5G」競争

アメリカと韓国は5Gサービスをほぼ同時に開始しました。
どちらも「世界初」の称号を得ようと懸命でした。
今後の通信で世界をリードしたいという意味において、
5Gは国の威信をかけた戦いでもあるのです。

◆ 国の威信をかけたキャリア同士の争い

「世界で最初に5Gサービスを始めたのは、我々だ」

2019年4月、こんな戦いが韓国とアメリカでくり広げられました。

当初、韓国が4月5日、アメリカが4月11日に5Gサービスを開始するとアナウンスされていました。しかし、アメリカの通信大手ベライゾン・コミュニケーションズが急遽、4月3日に前倒してサービスを開始しようと画策します。

その動きを察知した韓国キャリア勢が、あわてて4月3日深夜にサービスを開始したと言い始めました。韓国は、すでにショップの営業が終わっている時間にもかかわらず、「世界初」の称号を求めて、深夜にイベントを開いて5Gサービス開始を宣言したのです。

今振り返れば、まさに「世界初5G」を争う、不毛な競争だったようにも思われます。ただ、「世界初5G」をアピールしておけば、通信業界の歴史に名が残るだけに、どちらも必死だったと思われます。

とくに韓国は、サムスン電子やLGエレクトロニクスなど、世界に名だたるスマートフォンメーカーが存在します。サムスン電子は基地局ビジネスも手がけているため、「世界初の5G基地局」をアピールすれば、世界のキャリア各社に基地局を販売する際の強みにもできます。

一方、アメリカとすれば、モバイル業界で世界をリードしてきた国として、5Gという通信分野でも世界初を獲りたいというプライドがあります。

◆映画やドラマも瞬時にダウンロード

サービス開始から2カ月後の6月に、著者は5Gエリアである米シカゴに5Gを体験しにいきました。ベライゾンからGalaxy S10 5Gを借りて、街中で速度を測定したところ、平均400-500Mbpsの速度が出ました。4Gなら10分以上かかるドラマ8本分のダウンロードも1分程度で終わりました。ベライゾン広報によれば「調子がよければ1Gbpsを超える。今は金曜の夕方ということもあり、街中のトラフィックが混んでいるから調子が悪いのかもしれない」とのことでした。

シカゴでは信号や街灯の上に基地局が設置されています。28GHz帯を使い、エリアは半径200メートルほど。街なかでドラマをダウンロードするニーズがどこまであるかはわかりませんが、さらに便利な環境になることは確かでしょう。

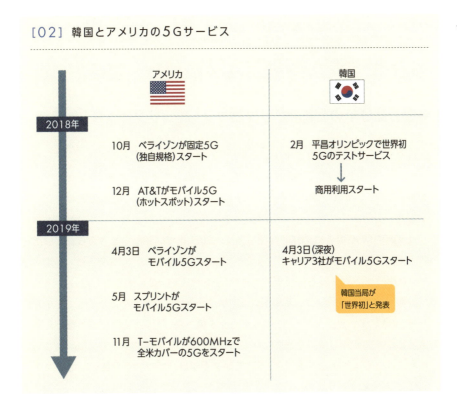

[02] 韓国とアメリカの5Gサービス

SECTION 03:

日本のキャリア動向
～ニッポンの5Gは世界に出遅れている?

2019年、世界で続々と開始されている5G。
しかし、日本で商用化が始まるのは2020年春です。
すっかり世界に出遅れている感がありますが、
「ニッポンの5G」は大丈夫なのでしょうか。

◆なぜ日本の5Gサービス開始は2020年なのか?

　世界各国では2019年に相次いでスタートした5Gですが、日本では2019年9月にNTTドコモがプレサービスを開始。本格的な商用サービスはNTTドコモ、KDDI、ソフトバンクともに2020年3月もしくは春に開始となっています（第4のキャリアである楽天は6月開始予定）。なぜ、日本は世界に遅れを取っているのか。これは決して、日本が技術的に遅れているからではありません。

◆2020年の「東京オリンピック・パラリンピック」を意識

　日本では、2020年に東京オリンピック・パラリンピックが開かれます。そのタイミングで5Gサービスを開始すれば、日本の技術力やサービスを世界にアピールできると考え、まず「商用サービスは2020年開始」というのがかなり前に決まりました。当時は世界的にも「5Gは2020年ごろから」と言われており、しかもヨーロッパでは5G導入に消極的な国も多く、2020年で問題ないと考えられていたのです。しかし、ここにきてアメリカや韓国、中国が前倒しで5Gサービスを始め、それに引っ張られる形で2019年、世界的に5G導入が一気に進みました。

　日本のキャリア各社は技術的には2019年にサービスを開始することもできましたが、「東京オリンピック・パラリンピックを盛りあげる」という国策も絡むため、結果として2020年を待つことになりました。ただし、日本のキャリアは、ここ何年もかけてさまざまな企業と5G実証実験を手がけ、ノウハウを蓄積しています。5Gを活用するという点では、世界に引けを取らないでしょう。

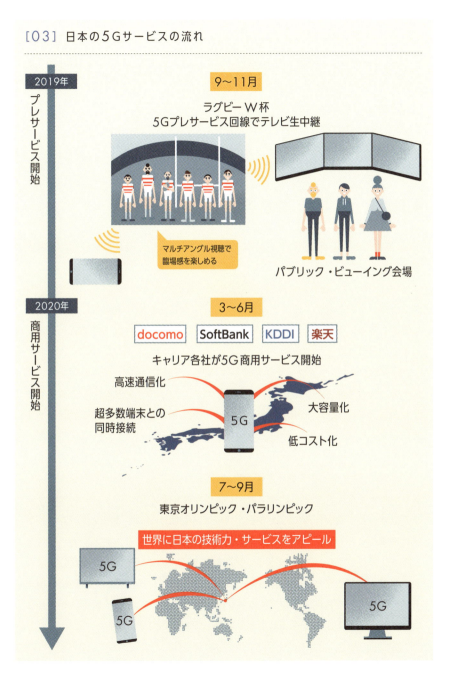

SECTION 04:

キャリア大手3社が
いっせいに言い始めた「きょうそう」とは?

5Gの利用はスマホだけにとどまりません。
そのため、キャリアはさまざまな企業と協業しようとしています。
5Gネットワークを活用してもらおうと
各社とも「きょうそう」という言葉を使い始めました。

◆ 競争?　協創?　共創?

　5Gのサービス開始に向けて、日本の大手キャリアがいっせいに言い始めた言葉が「きょうそう」です。

　NTTドコモは「競争から協創」、KDDIが「共創と変革」、ソフトバンクが「共創しよう、革新を起こそう」といったキャッチコピーを語り始めました。各社とも表現こそ違いますが、言いたいことは「うちの会社と一緒に、5Gで何かやりましょう」ということです。

　3Gの時代は、ネットワークからケータイという端末、iモードのようなサービスまで、すべてキャリアが用意していました。いわゆる「垂直統合モデル」です。

　しかし、4Gとなり、iPhoneなどのスマートフォンが登場してくると、キャリアはネットワークと一部のサービスのみを提供。端末については、自社が企画したもの以外のスマートフォンも扱うようになりました。

　5G時代には、キャリアが存在感を出せるのはネットワークだけということにもなりかねません。スマートフォンやIoTなどの端末は4G時代以上に、すべてキャリア以外のところが作るでしょうし、サービスも他社が手がけたほうがよかったりします。

　キャリアとしても、5Gネットワークを構築するために何千億円も投資したにもかからず、誰にも使ってもらえないようでは困ります。そこで、「うちの5Gネットワークをビジネスに活用してください」と言いたいがために「きょうそう」という言葉を使って、さまざまな企業を勧誘しているのです。

◆5G活用事例を創造するためのさまざまな試み

　NTTドコモの「ドコモ5Gオープンパートナープログラム」では、参加企業にさまざまな情報発信や企業間マッチングなどを行っています。また、キャリア各社は5Gの設備や通信機器を実験的に使えて、ビジネスアイデアを創出する「5Gオープンラボ」と呼べるものを全国各地で展開しています。「5Gをどのように自分たちのビジネスに活用したらいいのか」について、支援をするというわけです。

　5Gを盛りあげるには、キャリアの力だけではどうにもなりません。各社はあの手この手で多くの企業を巻き込み、活用事例を作ろうとしているのです。

[04] 5G時代のビジネスモデル

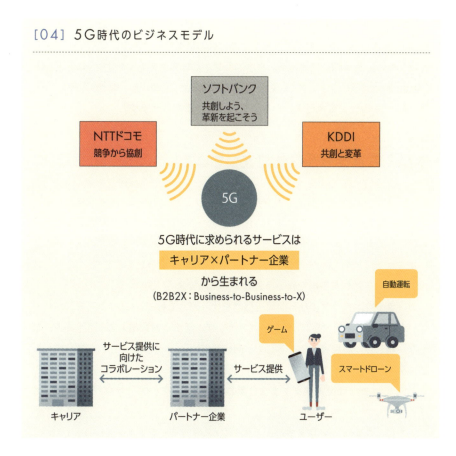

SECTION 05:

スマートフォンが
周辺機器の「ハブ」に変わる時代

さまざまなデバイスに5G通信機能を搭載するというのは
しばらく時間がかかりそうです。
そこでキャリアは5Gスマートフォンをルーターとして使い、
周辺機器の「ハブ」として位置づけようとしています。

◆NTTドコモの「マイネットワーク構想」

　NTTドコモでは5G時代に向けて「マイネットワーク構想」を掲げています。これは5Gスマートフォンをハブとして、周辺機器にもサービスやアプリを提供するというもの。具体的にはカメラ、ウエアラブル、ヒアラブル（イヤホンなど）、AR（Augmented Reality：拡張現実）、VR（Virtual Reality：仮想現実）、MR（Mixed Reality：複合現実）などのデバイスと連携させます。

◆MRの世界も5Gで加速していく

　NTTドコモはマイネットワーク構想を加速化させるために、米マジックリープと資本・業務提携を行っています。マジックリープは最先端の空間認識技術を持ち、MRによってゲームや法人ソリューションなどを提供できる可能性を秘めています。その技術力とNTTドコモの会員基盤を組み合わせることで、5GベースのМRをコアとした市場を作ろうとしているのです。

　カメラやウエアラブルなどの周辺機器を使う際、それぞれに5Gのモデムが載っていて、単独で通信できればよいのですが、アンテナや消費電力の問題もあり、なかなか難しいのが現実です。そこで、同構想では5Gスマートフォンを中心にして、周辺機器とはテザリングによるWi-Fiで通信を行うようにします。

　NTTドコモは今後、さまざまな企業と5Gスマートフォンにつながるデバイスやアプリ、サービスを開発していくようです。今後、身の回りのあらゆるものがネットにつながっていきますが、その中心が5Gスマートフォンというわけです。

[05] スマートフォンが周辺機器のハブになる

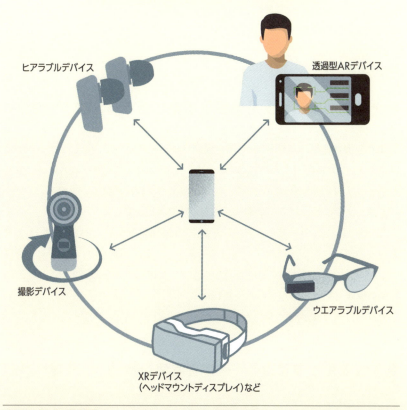

1台のスマートフォンがさまざまな機器とつながる

SECTION 05　スマートフォンが周辺機器の「ハブ」に変わる時代

VR：Virtual Reality（仮想現実）
ヘッドマウントディスプレイなどを装着し、感覚を刺激して現実のような感覚を作り出す。

AR：Augmented Reality（拡張現実）
現実の光景にバーチャルな視覚情報を合わせて現実を拡張させる。ゲームの「ポケモンGO」などに使われている。

MR：Mixed Reality（複合現実）
ARをさらに発展させたもの。仮想現実のモノに触って形を変えたり、複数の人間で同時に同じ状況を経験したりできる。

XR：X Reality
AR、VR、MRなどの総称。

055

SECTION 06:

PART2　5Gで世の中がどう変わる？

料金はどうなる？
～韓国、アメリカは8,000円が相場。日本は？

5Gサービスの開始にあたって気になるのが料金プランです。
韓国やアメリカでは8,000円程度が相場です。
日本では政府からの値下げ圧力の中、
どういう料金設定になるのか、注目です。

◆大容量コンテンツを手がける楽しめる料金プランは？

　2020年春から5Gの商用サービスが提供されるにあたって、気になるのが通信料金です。2019年9月から開始されたNTTドコモの5Gプレサービスは、一般ユーザーには開放されていないため、通信料金などは設定されていません。

　では、すでにサービスが始まっている海外ではどうでしょうか。

　2019年4月に5Gサービスを開始した韓国では月額8万ウォン（約8,000円）で韓国国内のデータ通信が無制限で利用できます。また、同じく4月にサービスを開始したアメリカでも、4Gの80ドル使い放題プランに10ドルを追加することで、5Gが使い放題という設計がされていました。

　では、日本ではどうなるのでしょうか。

◆5Gを生かすには「データ通信使い放題」が前提に

　キャリア4社は、5Gの免許を取得する際、総務省に計画書を提出しています。その中で、KDDIは「利用者の使い方に応じた安価で最適な料金プランやデータ量を気にせず5Gの大容量コンテンツを楽しめる料金プランを提供する」と記載しています。

　楽天の三木谷浩史社長は「5Gだから高くチャージ（課金）するということはない。（楽天の）社会的ミッションとして、より安くより便利に使ってもらうことだと思うので、その中でサービスパッケージ、価格を考えている」と語りました。

　また、ソフトバンクの宮川潤一副社長は「完全な使い放題を実現できるか」と

いう質問に対して「そうしないと5Gの本当の良さは出ない。いままではパケットでカウントしていたものが、時間だとか、ある程度、ヘビーユーザーとローユーザーの違いを料金に出す必要があるが、なにか制限をかけるのに今までの4Gのような扱いではないと思う」と回答しています。

すでに4Gにおいても、KDDIは「データMAXプラン」として使い放題を提供しています。5Gでは、4社ともが当たり前のようにデータ通信が使い放題のプランを提供する可能性が高いでしょう。

[06] 国内のブロードバンド契約者の総トラヒック

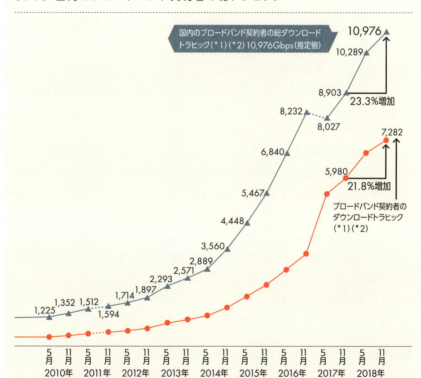

(*1) 2011年5月以前は、一部の協力ISPとブロードバンドサービス契約者との間のトラヒックに携帯電話網との間の移動通信トラヒックの一部が含まれていたが、当該トラヒックを区別することが可能となったため、2011年11月より当該トラヒックを除く形でトラヒックの集計・試算を行うこととした。
(*2) 2017年5月より協力ISPが5社から9社に増加し、9社からの情報による集計値及び推定値としたため、不連続が生じている
※総務省ホームページをもとに作成

SECTION 07:

5Gならではのニーズが生んだ
折りたたみ式スマートフォン

スマートフォンのトレンドになりそうなのが「折りたたみ」です。
メーカー各社から1枚の画面を折りたためる形状や
2つの画面を折りたたむ形状などが登場しています。
折りたたみ式は、5G時代を象徴するデバイスになりそうです。

◆折りたたみ式スマートフォンの誕生

2019年2月、スマートフォンに新たな潮流が生まれてきました。世界トップシェアの韓国・サムスン電子と第2位の中国・ファーウェイが、相次いで折りたたみ式スマートフォンを発表したのです。

いずれも曲がる有機ELディスプレイを採用し、サムスン電子のGalaxy Foldが谷折り、ファーウェイのMate Xが山折りでたたむ構造になっています。

曲がる有機ELディスプレイを調達しても、実際に市場にスマートフォンとして売り出すには、曲がる部分をいかに丈夫に設計するかなどの耐久性が求められます。そうした難度の高い技術課題を克服することは、すなわちメーカーの技術力のアピールにつながります。サムスン電子とファーウェイが同じタイミングで折りたたみ式スマートフォンを発表したのは「どちらが世界トップのスマートフォンメーカーなのか」を競う、両社のプライドが生み出したと言えるでしょう。

ただ、サムスン電子は4月に発売しようとしたところ、直前にメディアに貸し出した製品に故障トラブルなどが相次いだため、発売を延期。設計を改良し、9月にようやく発売となりました。

◆2画面デバイスで通話しながら文書作成

2019年、10月にはマイクロソフトが2つの液晶画面を使った折りたたみ式デバイスSurface Duoを発表、2020年末に発売するとしました。Windowsが代名詞のマイクロソフトでありながら、採用したOSはグーグルのAndroid。手のひら

サイズのモバイル端末で、スマートフォンに見えますが、開発責任者のパノス・パノイ氏は「電話機（phone）ではない。コミュニケーションデバイスだ」と主張します。マイクロソフトとしては1つの画面で、グループでビデオ通話をしながら、もう1つの画面を使い、グループでPowerPointのファイルを共有しながら作っていくという「仕事の道具」として製品を開発したようです。

5Gの高速大容量を生かそうと思うと、おのずと「映像などのコンテンツが見やすい大画面のデバイス」という発想になります。しかし、画面が大きくなると片手では操作できないという弱点が生まれます。そこで「大画面だけど片手で操作したい」というニーズを叶えるために、おのずと折りたたみや2画面といったデバイスが生まれてくるのです。

[07] さまざまな折りたたみ式スマートフォン

SECTION 08:

2in1タブレットパソコンの登場
～モバイルなのにPC並みの高性能

これまでパソコンのチップといえばインテルが主流でしたが、
ここに来て、スマートフォン向けモデムに強い
クアルコムが本格参入してきました。
将来的には「パソコンで5G通信」も当たり前になりそうです。

◆各社が競って開発する「2in1タブレットPC」とは?

　ノートパソコンにもタブレットにもなる「2in1タブレットPC」の開発が各社で進んでいます。2019年11月にはマイクロソフトが新型タブレットPC、Surface Pro Xを発売しました。従来はインテル社製のチップセットを採用することがほとんどでしたが、Surface Pro Xではクアルコムと共同でチップセットを独自開発。Microsoft SQ1という名称で、LTE通信にも対応しているのが特徴です。

　これまで、Windowsはインテルのチップセット（x86）で稼働させるのが一般的でしたが、近年、マイクロソフトは省電力で通信との連携にも優れたARM系チップセットでもWindowsが稼働するようにしてきました。一方のクアルコムはARMをベースとしたスマートフォン向けチップセット、Snapdragonに定評がありますが、近年はスマートフォン向けSnapdragonをベースにパソコン向けチップセットの開発に注力。レノボなどのパソコンメーカーがクアルコム製のWindowsパソコン向けチップセットSnapdragon 8cxを採用したデバイスを作ってきました。本格的な5G時代の到来を目前にして、いよいよマイクロソフトも自社ブランドSurfaceで本腰を入れて取り組み始めたのです。

◆タブレットでありながらパソコン並みの性能を実現

　5Gでは、データ通信料金を気にすることなく、インターネットに接続できる「使い放題」の料金プランが一般的になる可能性があります。外出時にいちいちWi-Fiスポットを探すことなく、いつでもどこでもインターネットに接続できる

環境になっていくでしょう。そのときに必要となってくるのが「高性能でありながら省電力なチップセット」です。クアルコムは、スマートフォン向けチップセットでつちかったノウハウ、特許などを多数、保有しており、その経験をパソコン向けチップセットに生かそうとしているのです。

　ARMベースのチップセットの場合、一部、Windows向けのソフトが稼働しないという欠点はありますが、今後、シェアを次第に拡大していく可能性は十分にあるでしょう。スマートフォンでつちかった省電力設計の技術により、外出先で充電切れを気にすることなく、パソコンを使えるようになりそうです。

[08] 高い処理能力を持つクアルコムのSnapdragon

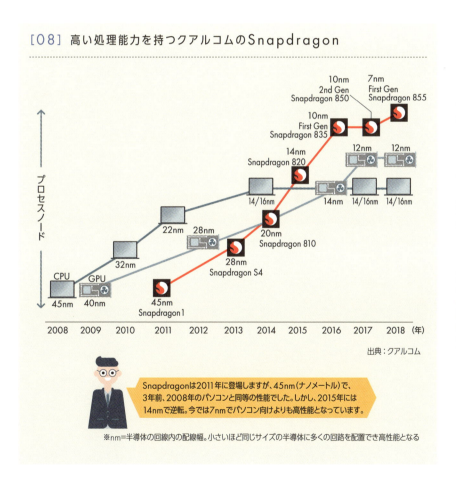

出典：クアルコム

Snapdragonは2011年に登場しますが、45nm（ナノメートル）で、3年前、2008年のパソコンと同等の性能でした。しかし、2015年には14nmで逆転。今では7nmでパソコン向けよりも高性能となっています。

※nm＝半導体の回路内の配線幅。小さいほど同じサイズの半導体に多くの回路を配置でき高性能となる

SECTION 09:

スマートグラス
～メガネ型ウェアラブル端末

「スマートフォンの次のヒット商品」として期待されてきた「スマートグラス」。
これまでさまざまなデバイスが登場しましたが、普及が進んでいません。
本格的に普及するには、
技術的なブレイクスルーが必要なようです。

◆ 臨場感あふれるコンテンツが楽しめるスマートグラス

　もはや生活必需品となったスマートフォン。5G時代に向けて次のヒット商品を探そうと、各キャリアとも注力しているのが、スマートグラスの開発です。

　KDDIは中国のスマートグラス企業エンリアルと、スマートグラスの企画開発および日本展開を共同で推進する戦略的パートナーシップを締結しています。

　また、NTTドコモは軽量なMRグラスを手がけるマジックリープに2.8億ドルの出資を行い、日本向けに提供を予定しているMRコンテンツの配信プラットフォームを共同で推進していく計画です。また、マジックリープの空間コンピューティングデバイスの販売権もNTTドコモが取得しています。

　いずれも、リアルな空間に情報を表示したり、自宅のリビングルームとゲームの世界を融合させ、壁からゲームのキャラクターが出てくるなど、臨場感のあるインタラクティブな体験ができるというのが売りになっています。

　5Gの高速大容量や低遅延を生かすには、スマートグラスに向けたコンテンツは最適というわけです。

◆ スマートグラスの課題

　筆者は過去にグーグルのスマートグラスGoogle Glassを購入し、海外で使ったりもしましたが、継続的に使いたくなる快適さや利便性には達していないという結論に至っています。表示してほしい場所にほしい情報をきちんと再生してくれるか、スマートグラスの装着感はいいか軽いか、バッテリーはもつのか、「スマー

トフォンでは実現できない独自の利便性を提供してくれるか」など、課題は山積みと言えます。

　かつて、KDDIがスマートグラスの企画で戦略的パートナーシップを締結したODGというアメリカの企業がありました。札幌ドームでスマートグラスを使った野球観戦実験などにも使われたのですが、表示される情報が見にくい、集中して観戦できないというのが実情でした。結局、ODGという会社もなくなってしまいました。5Gに向けて期待が高まっているスマートグラスですが、グーグルでも成功しているとは言いがたいことを考えると、厳しいジャンルであることは間違いないようです。

[09] スマートグラスのおもな機能

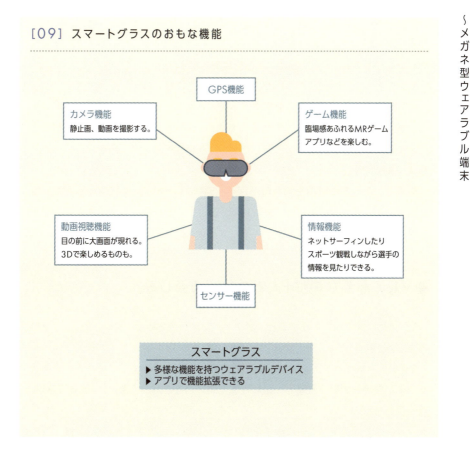

SECTION 10:

VR（仮想現実）
〜5Gの高速配信で普及をねらう

360度、臨場感あふれる空間でゲームなどが楽しめるVR。
その娯楽性の高さから普及が期待されてきましたが、
実際には伸び悩んできました。
しかし今、5Gが可能にする大容量データ通信で大きく変わろうとしています。

◆なぜVRは普及が進まないのか？

　スマートフォンがある程度進化しきってしまったため、モバイル業界には「スマートフォンの次」を探す傾向にあります。そうした中で、数年前まで期待されていたのがVR（Virtual Reality：仮想現実）です。

　VRではヘッドマウントディスプレイを顔面に装着すると、目の前にコンピューターグラフィックスによる仮想空間が広がります。ユーザーはその中で歩いたり、敵と戦うゲームをしたりできるのですが、360度、リアリティのある空間に没入できるので、これまでに体験したことのない臨場感を楽しめるむというのが最大の特徴です。

　しかし、こうした魅力を持ちながらも、VRはユーザーに継続的に使ってもらえないという難点が指摘されてきました。多くの人が一度、ヘッドマウントディスプレイで仮想空間を経験すると、それで満足してしまう傾向があるのです。

◆VRに必要なのは「人とつながる楽しみ」

　VR普及にはずみをつけようと、ソフトバンクが持ち込んだのが、「人とつながる楽しみ」です。

　VRのヘッドマウントディスプレイを装着すると、同じタイミングでインターネットに接続している友達と一緒の仮想空間にいることができ、会話が楽しめる実装実験を行ったのです。ソフトバンクでは、福岡ソフトバンクホークスがヤフオクドームで試合をしている様子を生中継し、VRの仮想空間として360度、没入

感のある試合映像を楽しめるとともに、同時に離れた場所にいる友人とVR空間で一緒に野球を楽しめるというコンセプトを打ち出しました。

　「離れた場所にいる友だちと一緒にスポーツ中継や音楽ライブを同じVR空間で楽しむ」というサービスを提供するには、全国に張りめぐらせた5Gネットワークが不可欠というわけです。

　2019年12月にはクアルコムがVRデバイス用の5G対応「Snapdragon XR2」を発表しました。今後、5G対応のVRデバイスが製品化されていきそうです。

[10] 離れていても友人とVRでスポーツ中継が楽しめる

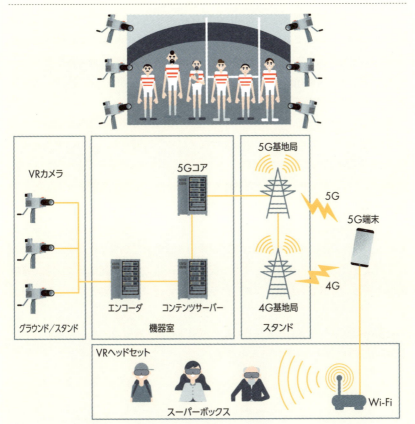

SECTION 11:

遠隔運転車両「ニューコンセプトカートSC-1」 ～車窓がエンターテインメントや広告の空間に

ソニーの技術を結集したクルマが開発されています。
高解像度のカメラを満載し、歩行者を認識。
周りの人に最適な広告を表示しながら走る
遠隔運転エンターテイメントカーです。

◆ 高解像度センサー×5Gで遠隔操作できる車を開発

　ソニーが5G回線を使って遠隔操作可能なニューコンセプトカート「SC-1」を開発し、NTTドコモと共同実証実験に着手しています。車体には複数の4K液晶ディスプレイと、ソニーのデジタル一眼カメラ「αシリーズ」に採用されている35mmフルサイズExmor R CMOSセンサーを5台搭載。最大3人乗りで、フロントガラスにも4K液晶ディスプレイを内蔵しています。

　車体に取り付けたCMOSセンサーは、人間の眼よりも多くの情報を認識できるとされています。とくに夜間、肉眼では見えにくい環境でも、35mmフルサイズExmor R CMOSセンサーであれば、きっちりと車の前の様子を捉えられます。遠隔運転は、このセンサーが捉えた映像を確認しつつ、5G通信で操作することで可能になります。

　昨今、自動運転車の開発競争が本格化していますが、実際に自動運転で車を走らせるというのは、技術的にまだ課題が多いと言われています。しかし、このカートのように周辺を高性能センサーで捉え、高画質の映像を遠隔地に送り、遠隔運転するという形であれば、実用化はかなり早いのではないかと期待されています。

　自動運転よりも現実的な方法としての遠隔運転が、高解像度のCMOSセンサーと5Gの組み合わせで実現できるのです。

◆AIで精度の高いターゲティング広告を実現

SC-1の車体には5枚の4K液晶ディスプレイが埋め込まれています。これらは何に使うものなのでしょうか。

その1つの活用法がターゲティング動画広告です。35mmフルサイズ Exmor R CMOSセンサーが周りにどんな人がいるかを撮影し、AIがその属性を判断。その人に合った映像広告を4K液晶ディスプレイに流すといったことを視野に入れているのです。たとえば、街中を走っている際、周辺に女子高生がいたら、AIが女子高生が買いそうなモノのCMを流すといったことができます。

ソニーとNTTドコモでは、屋外環境での実証実験に、ドコモがグアム島に開設した「ドコモ5GオープンラボGUAM」を選びました。

[11] 走るエンターテインメント空間「ニューコンセプトカート」

カートの前後左右に取り付けた4Kカメラにより、周囲の様子を360度とらえる。
遠隔操作は、この映像をモニターで見ながら行う

自動運転または遠隔操作されるため、運転席はない。
乗客は車内のディスプレイで②の映像にCGをかぶせたMRを楽しむことも可能

窓はなく、代わりに高精細ディスプレイを配置。
エンターテインメントや広告などの映像を流せる

SECTION 12:

MR（複合現実）
～現実と仮想空間の融合がもたらす進化

マイクロソフトが世界的な通信見本市に数年ぶりに復活。
MR（複合現実）デバイス「Holorens 2」とクラウドを
世界の通信キャリア関係者に大々的にアピールしました。
同社のMRデバイスは「スマホの次」になれるのでしょうか。

◆マイクロソフトが満を持して発表した新製品

　毎年2月、スペイン・バルセロナでは、世界中のキャリアなどモバイル通信業界関係者が集う展示会「MWC（Mobile World Congress）」が開催されます。ここ数年は5Gが盛りあがりを見せていますが、2019年はマイクロソフトが数年ぶりに出展したことが話題となりました。同社は開幕前日に記者会見を実施し、サティア・ナデラCEOが登壇してMRデバイスの新製品「Holorens 2」を披露しました。MRとはMixed Realityの略で「複合現実」と訳されます。

　Holorens 2では、ゴーグル型のデバイスを頭に装着すると、目の前にコンピュータグラフィックス（CG）が現れます。Holorens 2は内蔵されたセンサーやカメラによってユーザーの周辺環境を捉えることできます。現実世界にある机や壁、床などを認識し、その環境に合う形でCGを浮かび上がらせるのです。

　ユーザーはHolorens 2を装着すると、目の前に浮かびあがったCGに触ったり、操作したりすることできます。たとえば、現実世界にある机の上にCGの花瓶が表示され、それを手で持ち、床に置くという操作ができてしまうのです。

◆5G時代のクラウドの価値

　新たに発表されたHolorens 2は、5Gにも4Gにも対応していません。通信はWi-Fiのみですが、なぜマイクロソフトはわざわざ世界中のキャリア関係者が集うMWC Barcelonaで新製品発表会を行ったのでしょうか。それは将来的にHolorens 2を5G対応にするつもりがあるからと見られています。

そして、もう1つの理由がクラウドです。同社はAzureというクラウドプラットフォームを提供していますが、じつはHolorens 2向けのCGなどのコンテンツを作り、活用するにはAzureが不可欠なのです。コンテンツを制作するための開発キットをAzure上で提供しているからです。

　将来的に5GネットワークでMRを活用しようと思えば、結果としてAzureのようなクラウドサービスが必要になってくる。マイクロソフトは「5Gにはクラウドが不可欠である」というメッセージを世界中のキャリア関係者に伝えたかったのでした。

[12] MRが医療やビジネスを進化させる

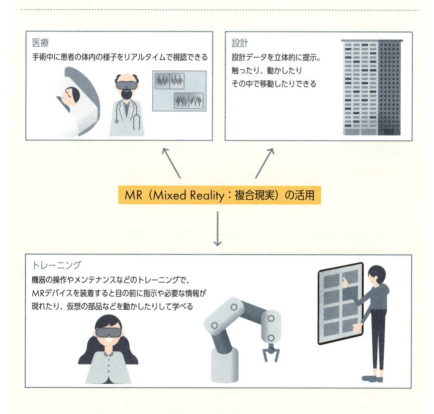

SECTION 13:

5G×カメラ×AIで
ビジネスが大きく変わる

カメラで捉えた映像をAI対応のクラウドに5Gで映像を伝送し、
AIが被写体を画像認識して分析するサービスが誕生しています
防犯カメラやプロレッスンなど、
さまざまなサービス展開が期待されます。

◆クラウド上のAIの活躍で多様なサービスを実現

　今後、5GとカメラとAIを組み合わせることによって、ビジネスは大きく広がっていきます。

　KDDIでは「KDDI IoTクラウド〜AIカメラ〜」と称して、カメラと画像解析エンジンによる人や物体の動きを分析するソリューションを提供しています。店舗などにカメラを設置し、その映像を5G経由でクラウドにアップ、クラウドのAIが画像解析していくというものです。これによって顧客の店内滞在時間を分析したり、レストランの空席状態を可視化して、自動的にウェブ上の予約システムと連携させたりすることも可能です。バックヤードに設置すれば、スタッフの顔認識による勤怠管理もできるようになります。鉄道会社であれば、踏切の侵入検知や乗客のホーム落下検出、ホームの混雑検知などに役立ちます。

　従来、こうした画像解析サービスを利用するためには、店舗ごとにコンピュータを設置しなくてはならないため、最初にまとまった設備投資が必要でした。クラウドによる画像解析であれば、通信料やソリューションの利用料などはかかりますが、大がかりな初期投資が不要なのも大きなメリットです。

◆5G経由でプロレッスンの受講も○Kに

　5Gとカメラ、AIを組み合わせたサービスとして、NTTドコモが開発に取り組んでいるのが、公益社団法人日本プロゴルフ協会（PGA）と共同で進めているゴルフレッスンプログラムに5Gを活用する実証実験です。レッスン受講者は、練習

模様を5Gスマートフォンのカメラを使って4K映像で撮影、5Gを介してクラウドのAI映像解析サーバーへ伝送します。AIが受講者の身体の傾きを自動で解析し、解析結果を映像とともに、PGA公認のティーチングプロへ伝送することで、受講者の高精細な練習映像とAIの解析結果を参照しながら、遠隔による「PGAメソッド」に基づくレッスンを提供することが可能となります。

5Gでは「いかにクラウドのAIを活用するか」が肝となりそうです。

[13] KDDI IoTクラウド ～AIカメラ～

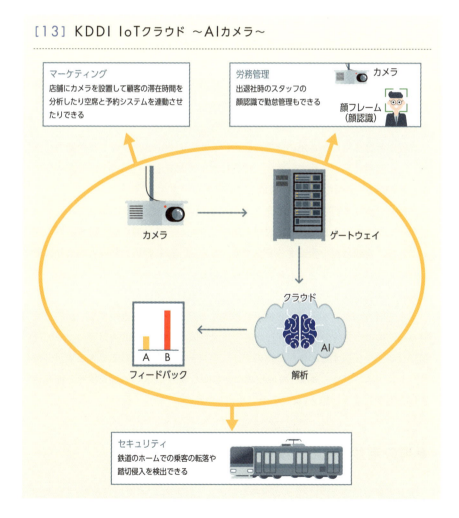

SECTION 14:

地域産業の育成　～軽種馬の様子を8Kカメラと5Gでチェック

5Gとの組み合わせで期待されているのが8K映像です。
しかし「4Kで十分。8Kなんて不要」という声もあります。
とはいうものの、実際、8K映像を体感してしまうと
その「臨場感」に圧倒されてしまいます。

◆牧場に5G基地局を設置してライブ配信に対応

　5Gは8K映像との相性がよさそうです。KDDIとシャープなどが協力し、軽種馬の育成支援を目的に5Gを活用した8K映像のリアルタイム伝送の実証実験を北海道新冠郡新冠町の日高軽種馬共同育成公社で行いました。

　軽種馬とは体格による馬の分類の1つで、体重が400〜500キロで運動能力に優れ、主に競馬に用いられています。日高軽種馬共同育成公社では生産農家や馬主から約200頭の仔馬を預かり、育成しているといいます。

　仔馬を育成する際、調教師や馬主は月に1回程度、育成牧場に訪れて仔馬の様子をチェックしますが、頻繁に牧場を訪問できないときは静止画や録画映像を送ることで、育成状況を確認するそうです。しかし、日高軽種馬共同育成公社の担当者によれば「リアルタイムの動画を見たいという馬主からの声もあったが、通信回線の問題でなかなか対応できなかった」と言います。

　馬主や調教師などが育成場の様子を確認する際、もっとも重視するのが馬の毛並みや筋肉のつき方です。そうした馬の状況を伝えるには、8Kカメラによる超高精細な映像を伝送する必要があるのです。光ファイバーでも対応できますが、厩舎やトレーニングコースなど育成牧場のあらゆる場所で8Kの映像を流せる超高速通信を実現しようと思えば、5Gの出番となります。

◆馬の毛並みを8K映像で伝送

　実証実験では厩舎内に8Kのカメラを設置し、厩舎内の5G基地局から8K映像が

伝送していました。使われていた周波数帯は28GHz帯。今回は8Kという超高精細映像を2本、伝送するということで、28GHz帯で上り200Mbpsでの通信となります。また、8Kカメラを搭載したドローンを飛ばし、5G通信経由で競走馬が走っている様子を中継していたりもしました。こうした画像は観光施設などで放映し、観光の振興につなげることも考えられています。

実際に8K映像を見てみると、4K映像との違いも明らかです。仔馬の毛並みも筋肉のつき方もよくわかります。さらに、厩舎のドアに設置されている仔馬や親の名前などが書かれたプレートの文字まで読むことができました。

「臨場感を伝える」という点で8Kカメラは威力を発揮することになりそうです。

[14] ドローンを使った5Gライブ配信のしくみ

※KDDIホームページをもとに作成

SECTION 14 地域産業の育成 〜軽種馬の様子を8Kカメラと5Gでチェック

073

SECTION 15:

PART2　5Gで世の中がどう変わる？

小売業界　〜5Gスマホ普及で無人店舗が一般的に

2019年、キャッシュレス還元でQRコード決済が盛り上がりました。
これまでは、おサイフケータイを「かざす」ことで支払ってきましたが、
2019年は画面を「見せる」だけで決済が完了するように。
しかし、5G時代は何もしなくても支払いができてしまいそうです。

◆将来はスマホを出さなくても買い物可能に

　2019年10月、消費税引きあげに伴い、消費者還元事業としてキャッシュレスで支払うと一部還元されるというサービスがスタート。「キャッシュレス決済」が盛りあがりを見せました。すでに普及しているクレジットカードやおサイフケータイやApple Payに加えて、PayPayやLINE PayといったQRコード決済が台頭。各社とも熾烈なキャンペーン合戦を展開しました。

　現在はスマートフォンの画面をレジで読み取るQRコード決済や、リーダーライターにスマートフォンをかざす非接触決済が一般的ですが、将来的には5Gによってタッチや画面をかざす行為すら不要になるかもしれません。

◆レジがないアマゾンのコンビニ「Amazon Go」

　2019年夏、米シアトルでアマゾンが展開するレジのないコンビニ「Amazon Go」を体験してきました。客はあらかじめ「Amazon Go」アプリをスマートフォンにインストールして個人情報とクレジットカードを登録。そのアプリ画面に出ているQRコードをお店のゲートにかざします。あとは店内で買いたいものを袋に入れるだけ。そのままゲートを出てしまえば、会計完了です。

　店内には無数のカメラが設置されており、入店してきた人の顔と行動を特定。何を手に取り袋に入れ、何を買わずに棚に戻したのかをすべて把握しています。そしてゲートを出たのを確認し、袋に入れた商品の合計金額がアプリに登録したクレジットカードから引き落とされるしくみです。

074

これまでAmazon Goだけでなく、たとえば空港で搭乗口を通る際なども、個人を特定するために画面上に表示されたQRコードをゲートにかざす手続きが必要でした。これが将来、5Gスマートフォンが普及すれば、入り口のドアの上から28GHz帯の電波をピンポイントで吹かせることで、下を通った個人を特定し、あとは店内のカメラで買い物する様子を追いかけ、店を出るときも28GHz帯の電波で見つけられるようになります。

客はスマートフォンをポケットから出すこともなく、買い物ができてしまうというわけです。もちろんコンビニだけでなく、デパートやショッピングセンターでも応用できます。レジに店員が不要になるので、人手不足解消にも役立ちます。

[15] レジのないコンビニ「Amazon Go」のしくみ

SECTION 16:

重機を遠隔操作
～人手不足と労働環境を改善

建築現場で期待されているのが「重機の遠隔操作」です。
東京オリンピック・パラリンピックや大阪万博に向けて
建築工事の需要は高まっているものの、働き手不足に困っています。
しかし、5Gによって働き手不足が解消されるかもしれません。

◆建築現場の重機を遠隔操作するしくみ

　2020年の東京オリンピック・パラリンピック、2025年に大阪で開催される日本国際博覧会（大阪・関西万博）に向けて、建設ラッシュが続く日本。建築現場では、つねに労働者不足に悩まされています。

　そんな中、建築現場の労働者不足にも5Gが役立とうとしています。

　NTTドコモとコマツ、KDDI・大林組・NECは、ショベルカーなどの建設機械を遠隔操作できるしくみを開発しました。工事現場などに5G基地局を設置、ショベルカーに5G通信機器と複数のセンサー、4Kカメラを装備しています。これにより5Gネットワークを経由し、オペレーターが遠隔でショベルカーを操作できるのです。オペレーターは4Kの高精細な映像を見ながら、センサーが感じた振動などもリアルに把握できるので、実際に乗っている感覚で操作できます。

◆午前は沖縄、午後は北海道でショベルカーを操作も

　5G通信に対応することで、たとえば、オペレーターは東京の会社にいながら、午前中は沖縄、午後は北海道にあるショベルカーを操作することも可能になります。また、港湾の岸壁に設置されているガントリークレーンも、5G通信で遠隔操作ができるようになれば、「一度、クレーンの運転席に座ってしまうと、長時間、トイレにも行けなかったが、好きなときにトイレに行ける」（開発担当者）と言います。より快適な労働環境を提供し、作業員を安定的に確保するのにも5G通信が役立つのです。

[16] 重機の遠隔操作システム

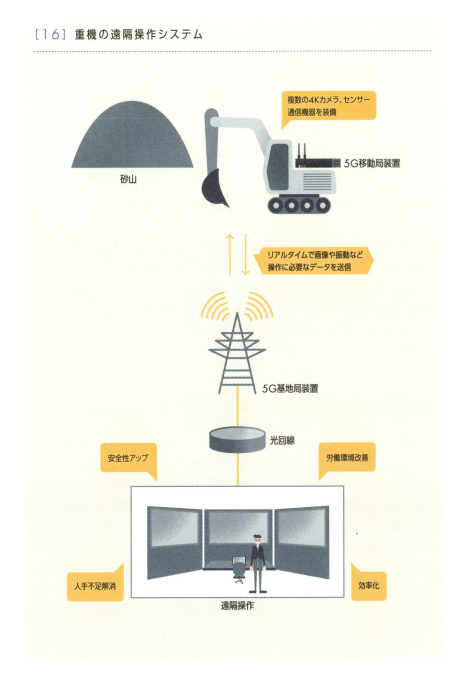

SECTION 16 重機を遠隔操作 〜人手不足と労働環境を改善

SECTION 17:

遠隔ロボット
～離島の医療から救助活動まで

危険場所での作業はロボットにおまかせしたいところ。
とはいえ、人のようにきめ細かな作業は難しかったりします。
5Gの超低遅延を生かせば、ロボットにセンサーを装着し、
その感覚を操縦者に伝えて、人のように動かすロボットも実現可能です。

◆超低遅延を生かしてロボットを自在に操作

　5Gの特徴の1つである「超低遅延」を生かすソリューションとして期待されています。NTTドコモとトヨタ自動車は、5Gを用いたロボットの遠隔制御に成功しています。トヨタはヒューマノイドロボット「T-HR3」を開発。T-HR3はトルク（力）を制御するトルクサーボモジュールと、全身を自在に操るマスター制御システムを搭載。操縦者は、T-HR3にかかる外からの力を感じながら、T-HR3に操縦者と同じ動きをさせることができます。

◆ロボットの感覚を遠隔で疑似体験

　実際にT-HR3にしなやかな動きをさせるには、T-HR3と操縦システムの間で制御信号をやり取りする際、できるだけ通信遅延がない状態が望ましいとされています。そこで、従来は比較的通信遅延が少ない有線での接続で実験をしていましたが、NTTドコモと協業することで超低遅延が特徴の5Gを利用。その結果、「ボールを両手で挟んで持つ」「ブロックをつまむ、持ち上げる」「人と握手する」などの力の伝達が必要な動作が5G無線通信経由でできました。

　操縦者にはVRゴーグルを装着、ロボットにはカメラを内蔵することで、遠隔地の様子を臨場感がある状態で疑似体験することも可能です。

　将来的には、高齢者や介護者の生活をサポートしたり、医療現場で、あるいは災害時に人が行けない場所の救助活動に役立てたりできる可能性を秘めています。

[17] トヨタのヒューマノイドロボット

ヘッドマウントディスプレイ
ロボットに搭載されたカメラに映る
立体映像をリアルタイムで確認できる

操縦者と同じ
動きをする

ロボットにかかる外からの力を
リアルに感じながら操作できる

5G端末

遅延付加装置

5G基地局

SECTION 17　遠隔ロボット　～離島の医療から救助活動まで

079

SECTION 18:

PART2　5Ｇで世の中がどう変わる？

自動運転①　～ひとりで
複数のトラックを走らせる

完全な自動運転の実現は、自動車メーカーだけでは困難です。
クルマ同士が通信するために、通信キャリアや部材メーカーが一緒に
世界的に統一されたルールを決める必要があります。
すでに車車間通信を取りまとめる団体が動き出しています。

◆クルマ同士が話し合い、車間距離を保つ

　開発が進む自動運転車の中でも、街中を自由自在に走るレベルを「レベル4」といいます。実用化はまだ難しいといわれてきましたが、「高速道路での隊列走行」についてはかなり現実味を帯びてきました。隊列走行とは、先頭車両は有人運転ですが、後続の車両は自動運転で先頭車両に追従するというものです。

　まず、ソフトバンクが5Gの新たな無線方式（5G-NR）で、新東名高速道路でトラックの隊列走行実証実験を行いました。その結果、高速道路の試験区間約14kmを3台のトラックが時速70kmで隊列走行に成功しました。車両間は5G通信（4.5GHz帯使用、無線区間の伝送遅延1m/s以下）で、それぞれの位置情報や速度情報などを共有、リアルタイムでCACC（Coordinated Adaptive Cruise Control：協調型車間距離維持制御）を実施しました

　一般車両も走行する高速道路（公道）での実験に成功したことで、実用化に向けて一歩、前進したことになります。隊列走行が実用化されれば、1人のドライバーが複数のトラックを走らせることも可能になります。つまり、それだけ輸送量を効率よく増やせるというわけです。トラック業界も人手不足が深刻ですが、そうした課題への解決策が見えてきたと言えます。

◆クルマとさまざまなものが通信する「Ｃ−Ｖ２Ｘ」

　クルマ同士の通信は、今後、一般車両にも導入されていく見込みです。たとえば、渋滞の先頭を走っているクルマにカメラが搭載されており、その映像を渋滞

080

に巻き込まれている他のクルマのドライバーが確認できるようになります。

また、道路に落下物があれば、数キロ離れたクルマに自動通信で知らせることもできます。クルマ同士の通信だけでなく、「クルマと信号機」「クルマと標識」「クルマと人」などさまざまなものと通信する世界がやってきます。これらをまとめて「C-V2X」といいます（Cはセルラー、Vはビークル／クルマ、Xはさまざまなものを意味します）。

[18] 自動運転による隊列走行

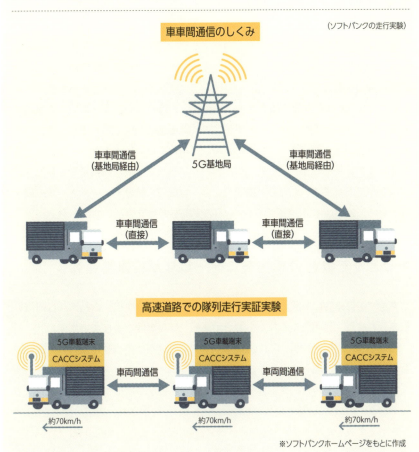

※ソフトバンクホームページをもとに作成

SECTION 19:

PART2　5Gで世の中がどう変わる？

自動運転②　～過疎地で期待される
無人販売カー・無人タクシー

過疎地域では「買い物難民」の問題が深刻です。
買い物に行きたくても、移動する手段がないというわけです。
そんな中、期待されているのが「自動運転」です。
人を乗せる自動運転のほか、物を載せてくる自動運転も検討されています。

◆間近に迫った無人運転の時代

　ひとくちに自動運転と言っても、搭載する技術によって0～5までのレベルに分かれています。日本国内ではレベル2（特定条件下での自動運転機能）までが市販車に採用されています。

　レベル3以上は基本的にはドライバーが操作を行わない、まさに「自動運転」です。技術的には実現可能なのですが、「事故が起きた場合、誰に責任を帰すべきか」という問題が解決されていないため、実用化には時間がかかりそうです。責任を負うのは運転者か、設計したメーカーか。解決に必要な法整備やインフラ整備などが待たれます。ただし、内閣府では「官民ITS構想・ロードマップ2017」において、2020年に高速道路でレベル3の実現を努力目標としています。

◆ひとりで数台の車をモニターしながら遠隔運転

　クルマが自律的に一般道で自動運転を行うのは先になりそうですが、5G通信を組み合わせた「遠隔監視しながらの自動運転」は現実味を帯びています。

　KDDIは2019年2月9日、5G回線を使い、公道を走行する自動運転車の実証実験を報道関係者に公開しています。

　実験が行われたのは、愛知県一宮市のKDDI名古屋ネットワークセンター周辺。同センターには5Gの基地局（28GHzとSub-6）が設置され、周辺の公道を5Gアンテナを搭載したエスティマが200mほど自動走行。また、対向車線には、4Gアンテナを搭載したエスティマも自動走行し、両車が何度もすれ違いました。助手

[19] 自動運転のレベル

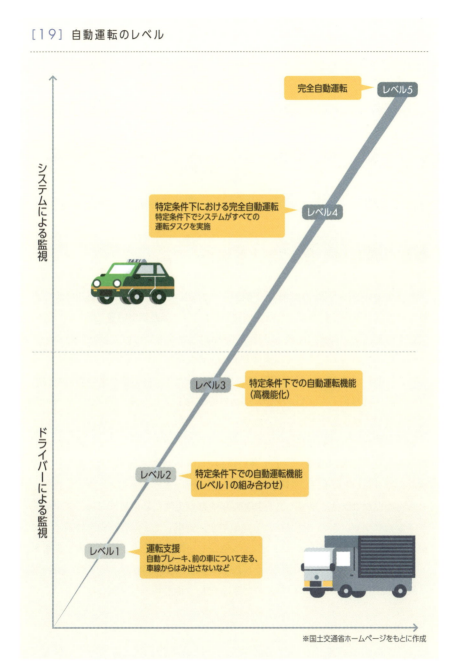

SECTION 19 自動運転② ～過疎地で期待される無人販売カー・無人タクシー

083

席には人が座っていましたが、システムを監視していただけにすぎず、いわゆるレベル4の自動運転でした。

　自動運転に関しては、車の天井に設置されている赤外線レーダーやカメラによって、周辺の状況を把握。事前に登録してある高精細な地図データをなぞる形で走行していきます。車や人物などがレーダーによって把握されるため、緊急停止や左折なども自動運転で行われます。

　オペレーションセンター内には遠隔監視ルームがあり、車に設置された5つのカメラから5Gや4Gの通信で送信されてくる映像を監視し、いざというときに遠隔で車を操縦できる体制になっていました。

◆買い物難民を救う"無人販売カー"

　これまでの実験では時速15kmが限界でしたが、この実験では時速30kmで走行できる認可を得て行われました。技術的には5Gの低遅延で時速40kmでも対応できるのですが、安全に配慮して時速30kmにとどまったとのことでした。

　今、日本ではとくに地方で高齢化が進み、自動車が生活に必要でありながらも自分では運転できない高齢者が増えています。日常生活に必要な買い物にも行けない「買い物難民」も深刻ですが、同時に労働力不足も進み、タクシーやバス会社は運転手の確保もままならず、経営が苦しい状態が続いています。

　通信に対応した自動運転車が普及すれば、食品や日用品を乗せた自動運転車が地域を走り、「自動販売車」として買い物をサポートできるようにもなるでしょう。病院に行きたいときにも、自動タクシーが利用者の自宅まで迎えに来てくれることも可能になります。そうした自動運転車を呼び出すために使うのは、スマートフォンやタブレットのアプリによる通信です。乗車した高齢者が安全に過ごしているかを確認するため、オペレーションセンターに映像を送る必要も出てきます。

　今回のKDDIの取り組みは、そうした未来の車社会に向けた一歩です。2020年に5Gが商用化されれば、「自動運転と5G」という取り組みは一気に進んでいくでしょう。

[20] 自動運転サービスの例

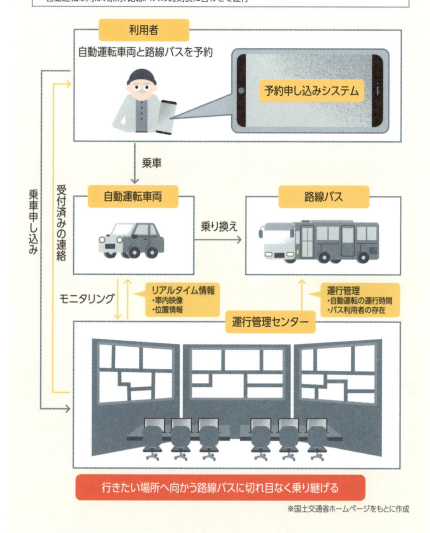

※国土交通省ホームページをもとに作成

SECTION 19　自動運転②　〜過疎地で期待される無人販売カー・無人タクシー

085

SECTION 20:

PART2　5Gで世の中がどう変わる？

IoT　～サッカーボールにセンサーを内蔵して選手を解析

東京オリンピック・パラリンピックに向けて、
さまざまなスポーツが盛りあがっています。
学生向けのスポーツもさかんですが、一方で「指導者不足」という問題も。
IoTボールを使えば、専門的なコーチがいなくても的確な指導ができそうです。

◆スポーツの世界にも広がるIoT

　身の回りのあらゆるモノに通信機能が搭載されるIoTが5Gによって、さらに普及すると見られています。

　IoTはスポーツの世界にも広がりを見せており、「IoTサッカーボール」も登場してきています。KDDIとKDDI研究所、アクロディアは、センサーを内蔵したボールから取得したデータをもとに選手の技術向上につなげるアスリート育成支援システムを開発しています。

　サッカーボールに加速度センサー、角速度センサー、地磁気センサーが入っており、選手がけると「球速」「回転数」「回転軸の角度」などが、スマートフォンの専用アプリに送信されます。専用アプリでは動画も撮影。解析データと映像データを同期させた状態で保存ができます。また、競技者の映像から65カ所の骨格点を抽出してフォームや身体の使い方を認識、分析することできます。

◆選手にセンサーを付けて試合中の動きを把握

　ラグビーなどのスポーツでは、選手がGPSや心拍数、運動強度、疲労度などを瞬時に測定するセンサーを装着し、試合中の動きや身体の様子をリアルタイムに把握する取り組みも始まっています。選手から収集した情報を5Gネットワークで取得し、クラウドで解析。そのデータを、8K映像とともに中継したり、スタジアム内にいる観客に5Gネットワークを使って配信したりするなど、5GとIoTによって、スポーツの周辺環境も大きく変わっていきそうです。

[21] IoTボールとAIによる「アスリート育成支援システム」

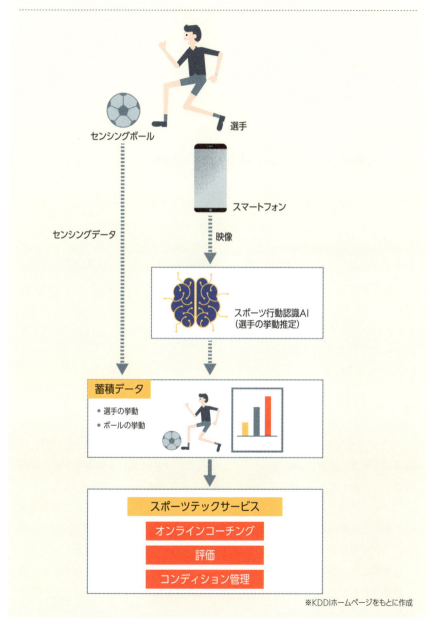

※KDDIホームページをもとに作成

SECTION 20　IoT　〜サッカーボールにセンサーを内蔵して選手を解析

087

SECTION 21:

医療　～無医村でも
5Gで遠隔診断を実現

医師がいない過疎地が増えていく中、
期待されているのが5Gによる遠隔診断です。
8Kカメラとセンサーを組み合わせることで、
遠隔地の専門医から的確な診断を受けられると期待されています。

◆8K映像で「どこでも緊急手術」が可能に

　過疎地における医師や医療機関の不足は深刻ですが、5Gが解決策の一端となりそうです。将来的に、無医村に「遠隔手術ロボット」を配置し、万が一、急病人が発生した際には5G通信を経由して、都心部にいる医師が遠隔で操作し、手術を行う日が来るかもしれません。ただ、現実的には、確実に一瞬も切れることなく通信が確保できるとは限りません。そのため、遠隔で手術まで行うことまでは難しいというのが一般的な考えですが、地域の医師が患者を8Kカメラなどで撮影し、脈拍などの生体情報とともに都心部にいる専門医が視聴し、遠隔で診察するレベルであれば現実的だとしています。

◆手術台をトラックで運ぶ「スマート治療室」

　NTTドコモでは、トラックの荷台にスマート治療室を搭載した車両を開発。医療機器を載せた治療室全体をネットワーク化し、手術の進行や患者の状況を瞬時に整理、統合して、5G通信で伝送できるしくみを作ろうとしています。
　スマート治療室はどこにでも移動できるため、たとえば災害現場や医療過疎地域に医師とともに派遣。新幹線で移動中の専門医がタブレットを5Gでつなぎ、スマート治療室にいる執刀医に助言を行うことを想定したデモを披露しています。
　胃や腸などの臓器の状態を的確に診断するには、何よりも正確な色や状態を見て診察する必要があります。その際、高精細で色表現力のある8Kカメラの映像が有用なため大容量回線が必要であり、5G通信のニーズがあるというわけです。

[22] 5Gを使った遠隔医療のしくみ

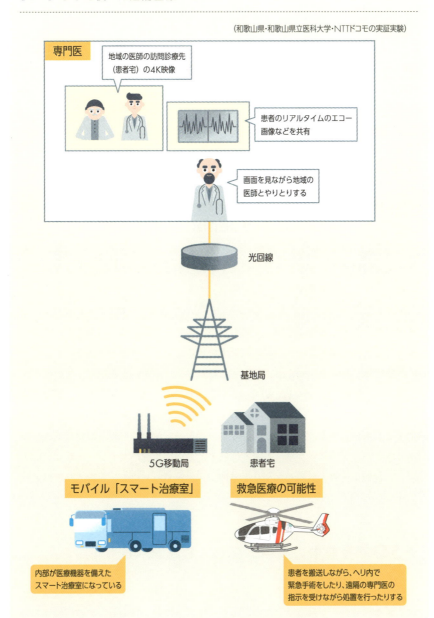

SECTION 21 医療 〜無医村でも5Gで遠隔診断を実現

089

SECTION 22:

教育 ～学校こそ無線LANではなく セルラー回線が求められる

授業にタブレット端末を導入する学校が増えていますが、
教室でいっせいにネットにアクセスしたりするため、
「Wi-Fiが遅くて使えない」という問題も発生しているといいます。
そんな不満を解消するのが5G対応タブレットということになりそうです。

◆スムーズなICT学習を推進

　教育現場では、タブレットを使った効率的かつ効果的なICT (Information and Communication Technology：情報通信技術) 学習が進んでいます。タブレットで検索し、動画を再生して理解を深めるだけでなく、ARやMRによって、目の前に立体的に表示させることで、今まで平面の紙上では理解しにくかったものを多角的に学ぶことも可能です。

　先生としても、板書をしなくてもいい、プリントを用意しなくてもいいなど、効率化が進むため、授業の準備の手間も省け、働き方改革につながります。負担が減ることで、授業や生徒への対応に集中できるというメリットもあるでしょう。

　教室でタブレットを使えるようにするには、ネットワークを敷設する必要がありますが、無線LANの場合、いくつかの弱点が存在します。たとえば、授業で生徒がいっせいにインターネットにアクセスすると、無線LANに負荷がかかり、通信速度が劣化します。実際にタブレットで授業をしている学校を取材したことがありますが、このネットワーク速度の低下が結構、生徒のストレスになっていました。各端末の個人情報やアプリの管理、紛失対策などにも気を配る必要があります。

◆5Gで授業中の集中アクセスも問題なし

　教育現場でのICT学習に不可欠な無線ネットワークですが、さまざまな課題が伴います。それらを解決するのがセルラーネットワーク（キャリアが提供するモ

バイルネットワーク）です。教室や体育館、職員室、図書館などあらゆる場所に無線LANのアンテナを置くよりも、学校の近くに5G基地局を1つ置いてしまえば、問題はすべて解決してしまいます。

　生徒には5G対応のタブレットを配布。授業中、アクセスが集中しても、5Gネットワークなので高速大容量でさばけます。故障の判断、紛失対策、不正アクセス防止などは、セルラー経由のネットワークと、端末管理のしくみを使えば、かなり防ぐことが可能です。また、5Gや4G対応のタブレットであれば、運動場や生徒の自宅、校外学習など、どこに持ち出しても利用可能です。

　「いつでもどこでも勉強できる」を理想とするのであれば、教育現場にこそ、5G対応タブレットが求められそうです。

[23] 学校のICT学習にセルラーネットワークを利用するメリット

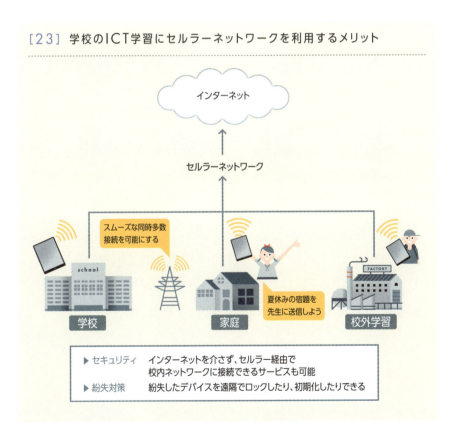

SECTION 23:

地方創生　～5Gでは人口カバー率より「基盤展開率」を重視

5Gのエリア展開は、とにかく「地方も重視」という路線。
NTTドコモやKDDIは、地方でのネットワーク展開に本腰を入れる姿勢です。
一方、ソフトバンクと楽天は地方展開はやや控えめ。
果たして人口の少ないエリアでも5Gは活用されるでしょうか。

◆全国を網羅的にカバーするのがねらい

　5Gを普及させる上で、総務省は「地方創生」をキーワードにしています。

　4Gまでのネットワークは「人口カバー率」が重視されており、いかに人が住んでいるところをエリア整備していくかという点に重きが置かれていました。携帯電話やスマートフォンを使うのは「人」ですから、当然のことと言えます。

　一方、5Gでは、人口カバー率ではなく、基盤展開率を基準にネットワークを整備することになりました。これは、まず全国を10km四方のメッシュ（第2次地域区画）に区切り、無人地帯などを除いた約4500区画を策定。そのうち、高度特定基地局が置かれた比率を基盤展開率と定義しました。そして、5Gの周波数の割当を受ける基準として、2024年4月までに基盤展開率50％以上の実現を掲げたのです。実際に各社から出された計画は、NTTドコモが97％、KDDIが93.2％、ソフトバンクが64％、楽天が56.1％です。

　5Gネットワークを、人口を中心とするネットワークではなく、全国をカバーするものにすることで、農業や漁業、林業といった地方での活用が期待されます。

◆日本酒づくりの後継者不足を5Gで解決

　地方における5Gの活用法には、どのようなものが考えられるでしょうか。たとえば、魚の養殖では、海中に水温センサーを設置することで、遠隔から水温データの管理が容易にできるようになります。山間部では木々にセンサーを設置することで、地滑りなどの兆候を把握することが可能です。

KDDIと会津若松市では5Gやドローンを活用し、「日本酒づくり」の効率化を模索しています。たとえば、原料となる米を作っている水田にドローンを飛ばし、ドローンの撮影画像の葉色解析から収穫時期を予想します。また、杜氏が高齢化し、引退していくなか、醸造管理の知見が失われる恐れがあります。そこで、もろみ管理を各種センサーでモニタリングして記録し、杜氏の暗黙知を形式知として定義。形式知で遠隔監視を可能にし、業務の効率化を図ろうとしています。

KDDIでは、2019年4月に30億円の「地方創生ファンド」を設立。地方のベンチャー企業と5Gを活用し、地方創生につなげようとしています。

[24] 5Gでは人口カバー率より「基盤展開率」を重視

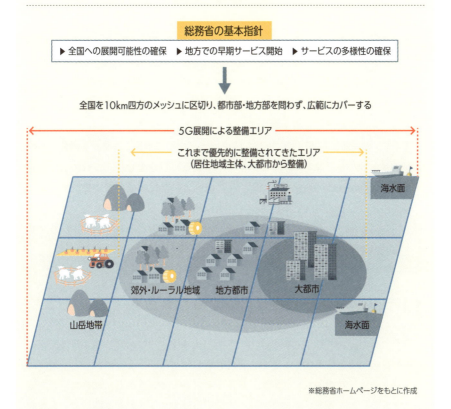

※総務省ホームページをもとに作成

SECTION 24:

農業　〜労働力不足をカバー、天候リスクの回避にも役立つ

労働力不足は農業でも深刻です。
また、日本では天候不順も多く、農作物に影響を与えることも多いもの。
センサーとIoTを組み合わせて作業の負担を減らしたり、
トラクターの自動運転で効率化をはかったりすることが期待されています。

◆農地の管理を大幅に省力化

　今後、さらに働き手が少なくなると予想される農業においても、5GやIoTの力が発揮されようしています。

　兵庫県豊岡市では「コウノトリ育む農法（無農薬栽培）」が取り入れられています。この農法では農薬を使用しない代わりに、害虫を食べてくれるカエルやヤゴを増やすため、通常よりも長い期間水を張る必要があります。そのため、通常よりも、こまめな水管理を長期間行うため、見回りに労力がかかります。大規模農家では、見回りだけに半日を費やすこともあるといいます。

　そこで、KDDIと豊岡市では実証実験を実施。水田に水位センサーを設置し、農家がスマートフォンなどで水位を確認できるようになりました。これにより、見回りの回数削減や時間短縮などの省力化、コスト削減につなげることができます。

　今回の水位センサーはセルラーLPWAの規格「LTE-M」に対応しています。セルラー回線を使うことで、ゲートウェイ（親機）を設置しなくていいというメリットがあります。

◆トラクターの自動運転化で農業が変わる

　農業分野でのIoTと5Gの活用例としては、トラクターや稲刈り機の自動運転化が視野に入ってきています。そのときに必要となるのが、センチメートル級測位サービスです（詳細はP.122参照）。数センチメートル以内の高精度の測位を実現することで、トラクターや稲刈り機を田畑で自動運転する際も正確にルートを取

れるようになります。

　そうなれば、たとえば収穫直前に台風の襲来が予想されたときに、人間が作業できない夜間も自動運転で収穫作業を進め、台風の被害を避けることもできるでしょう。そうした場合に離れたところにいながら、無人の自動運転を映像で監視するといった用途にも、5G通信が欠かせなくなるかもしれません。

[25] スマート農業の例

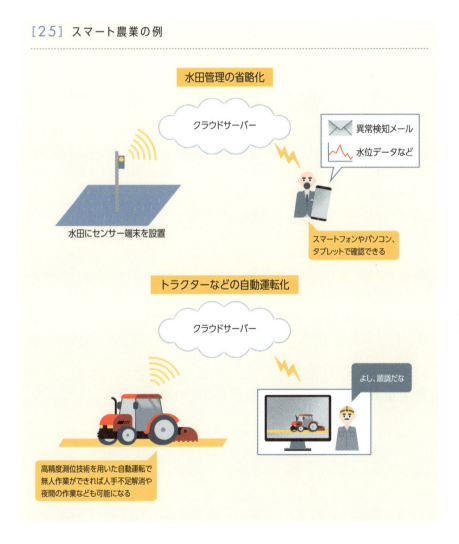

SECTION 24　農業　〜労働力不足をカバー、天候リスクの回避にも役立つ

SECTION 25:

ドローン　～カメラと5Gを搭載して インフラやセキュリティ分野で活躍

ドローンを防犯や建物などの検査に使うニーズが増えています。
法規制も改正され、人の目では見えないところまで飛ばせるようになる
「目視外飛行」も可能になりつつあります。
今後、通信がつながれば、今より相当遠くまで飛ばせるようになりそうです。

◆ 規制緩和が進むドローンの活用

　ドローンに4Gや5Gを搭載する動きが活発化しています。

　政府は2018年に離島や山間部など人の目の届かない範囲を飛べるように規制を緩和、さらに2022年度には都心部にも拡大する計画です。いわゆる「目視外飛行」と呼ばれるものですが、これにより、4Gや5Gの通信機とカメラをドローンに搭載することで、操縦者からかなり遠くまで飛ばせるようになります。

　通信に対応したドローンを飛ばせることで期待できるのが、建物や橋梁などの検査や農作物の生育状況の確認です。

　ビルや基地局やアンテナなど、作業員が高所に上らなくてはならない検査には危険が伴います。こうした場所もドローンを飛ばし、4Kカメラなどでリアルタイムに映像を中継すれば、すぐに欠陥箇所などがわかり、補修などもスムーズに行なえます。映像処理にAIを組み合わせれば、カメラが自動的に補修すべき場所を見つけてくれることも可能です。

◆ 不審者をドローンからの映像でAIが発見

　カメラと通信機能を備えたドローンは、警備にも役立ちます。

　KDDIとセコムでは、長距離かつ安全に運用できる通信対応型ドローンである「スマートドローン」と、セコムの自律走行型巡回監視ロボット「セコムロボットX2」、警備員に装備したカメラからの4K映像を5Gを経由してセコムの移動式モニタリング拠点「オンサイトセンター」へ伝送し、広範囲なエリアを高精細な映

像で確認でき、不審者の認識から捕捉まで一連の警備に対応できるようにしました。オンサイトセンターで受信した4K映像をAIによる人物の行動認識機能で解析し、異常を自動認識したら、管制員に通知するというしくみです。これにより、不審者などを迅速に見つけ、対応できるようになったといいます。

ドローンはさまざまな用途が期待できますが、一方で「バッテリーが数十分しかもたない」「物流にも生かしたいが、搭載できる重量が数キロと限界がある」「人がいる上を飛ばすには安全性が不安」など、課題も多く存在しています。

[26] カメラと通信機能を備えた「スマートドローン」

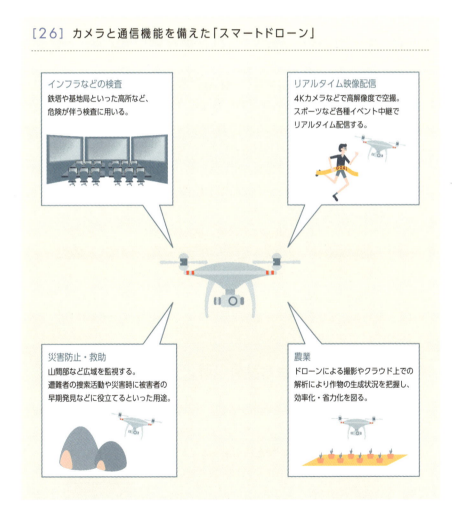

SECTION 26:

PART2　5Gで世の中がどう変わる？

運輸　～電車や飛行機は タッチレスで乗る時代へ

5Gで使われる28GHzという周波数帯は
高速ですが、超ピンポイントで飛ぶという性質があります。
その特性を生かして「タッチレスゲート」を作ろうという
取り組みがKDDIとJALで行われました。

◆ 時間通りに現れない客を、5G電波がピンポイントで発見

　5G通信で用いられる28GHz帯という周波数には、非常に飛びにくいという弱点があります。そのため、各キャリアは、どのように28GHz帯を活用すべきか、苦労している面があります。そんな中、「飛びにくい」という弱点をメリットに変えてしまった実証実験がKDDIと航空会社のJALで行われました。

　空港で航空会社の悩みのタネとなっているのが、開始時刻になってもゲートに現れない乗客の捜索です。地上係員が必死に走り回って探すと、買い物に夢中になっていたり、ロビーのソファで熟睡していたりする場合もあります。

　その解決策として、5Gの基地局を空港内に複数設置するということが期待されています。乗客の航空券情報が入ったスマートフォンから発せられる電波をキャッチし、乗客の居場所をピンポイントで突き止めるしくみです。また、ゲートの上にも5Gの基地局を設置。乗客は5Gのスマートフォンさえ持っていれば、ゲートにタッチしなくてもそのまま通過できる「タッチレスゲート」も開発しました。

◆ タッチレス乗車が当たり前の時代へ

　28GHz帯の飛びにくい電波を利用すると、その基地局につながった人の居場所をピンポイントで特定できるため、ゲート上に設置すれば、下を通った人だけを認識できる。このしくみは、駅でも活用することができます。将来的には、5Gスマートフォンをポケットに入れていれば、改札でいちいちタッチしなくても電車に乗れる時代がやってきそうです。

098

[27] JALとKDDIの「タッチレス搭乗ゲート」

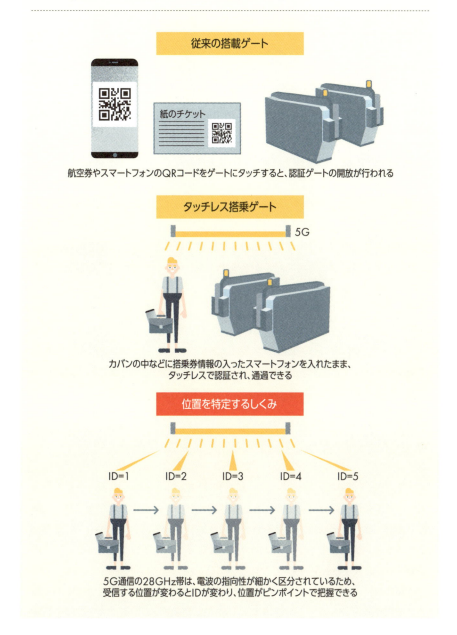

SECTION 26 運輸 〜電車や飛行機はタッチレスで乗る時代へ

SECTION 27:

工場　〜リアルタイム性と
安定性を実現したスマート工場へ

工場の機器にさまざまなセンサーを取り付けることで
機械の故障などを事前に察知するなど、各地でスマート工場化が進んでいます。
工場など限られた場所だけに5Gを飛ばして、
機器を通信経由で管理できる「ローカル5G」に期待が集まっています。

◆5Gは工場にも変革をもたらす

　5Gは「工場」にも変革をもたらすと期待されています。

　工場では、製造するものによって、製造機械などのレイアウトを変更することがたびたびあります。その際は電源のみならず、通信ケーブルなどを敷設し直すなど、作業工程が煩雑で時間がかかります。また、そのために工場の稼働を止めれば、その分、損失も生じます。

　そこで期待されているのが5Gです。通信ケーブル関連をすべて5Gによって無線化すれば、電源の抜き差しだけでレイアウト変更が可能となります。また、「超低遅延」(P.26参照)という5Gの特長によって、オペレーションセンターから製造機械やロボットに指示を出し、迅速に反応させることができますし、通信の安定性という面からもWi-Fiよりも5Gのほうが理想的です。

◆センサーによって機械の故障も予兆で防止

　すでにNTTドコモとファナック、日立製作所は5Gを活用した製造現場の高度化に向けて共同検討を開始しました。工場内において、さまざまなセンサーで取得したデータの一括収集や産業機械の一括制御によって、製造現場の全体最適化、生産効率の向上、工場・プラント内の自由なレイアウト変更への対応など工場内のIoT化を進めようというわけです。

　産業機械にセンサーを設置しておけば、機械が故障する前に予兆を感知して、事前に補修作業を行うことも可能です。生産品に不備があっても、人工知能を搭載

したカメラが見つけ出し、作業員に連絡することもできます。

　工場内の5G化は、NTTドコモのようなキャリアが提供する場合もありますし、「ローカル5G」（P.144参照）として、工場内だけを5Gエリア化するというケースも考えられそうです。

[28] 5Gを活用したスマート工場のイメージ

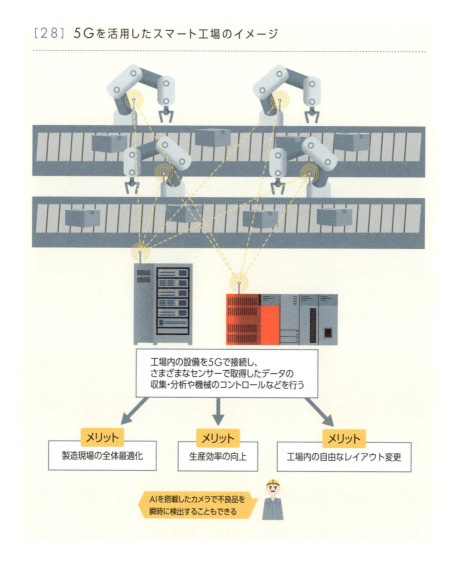

SECTION 27　工場　〜リアルタイム性と安定性を実現したスマート工場へ

SECTION 28:

観光
～列車の窓がタッチパネルに

新幹線などの移動中も5Gで通信できると
仕事がはかどりますし、動画視聴も楽しいものになりそうです。
果たして、新幹線という高速で移動する乗り物の中で、
5G通信は使えるようになるのでしょうか。

◆車窓でARコンテンツやインターネットを楽しむ

　5Gに対応するデバイスはスマートフォンやタブレットだけではありません。将来的には「列車」も5G対応になるかもしれません。

　NTTドコモとJR九州は「列車の車窓上でAR技術を用いた新体感観光サービスの提供を目指す協業協定」を締結しました。

　これは文字どおり、列車の窓にARの映像を表示してしまおうという取り組みです。列車を5Gに対応させ、窓から見える景色に合わせて、観光情報などを表示して、観光客に楽しんでもらおうというわけです。ARのリッチコンテンツを配信するには5Gの高速大容量の回線が不可欠です。

　将来的には、列車の窓がタッチパネルにもなっており、表示された映像をタッチして、さらに深い情報を引き出す、あるいは車窓をタッチしてブラウザーからグーグルを検索したり、YouTubeで動画を見るといったことも可能になるかもしれません。

◆新幹線の中でも快適にネットサーフィン

　NTTドコモではJR東海と、高速に走行する東海道新幹線に対して、5Gの無線通信を行うという実験を行い、成功させています。静岡県富士市内（三島駅－新富士駅間）において、時速283キロで走行する東海道新幹線に対して28GHz帯の周波数で5Gの無線データ伝送を実施。8Kの映像コンテンツを地上基地局から車内でダウンロードしたり、車内にある4Kカメラの映像を地上基地局に5Gでライ

ブ中継したりすることに成功しました。

　将来的に実用化するとなれば、新幹線の線路沿いに大量の基地局を並べる必要がありますが、「新幹線で快適に5Gで動画中継を楽しむ」という時代も現実味を帯びてくるようです。

[29] 列車の窓を観光サービスに活用

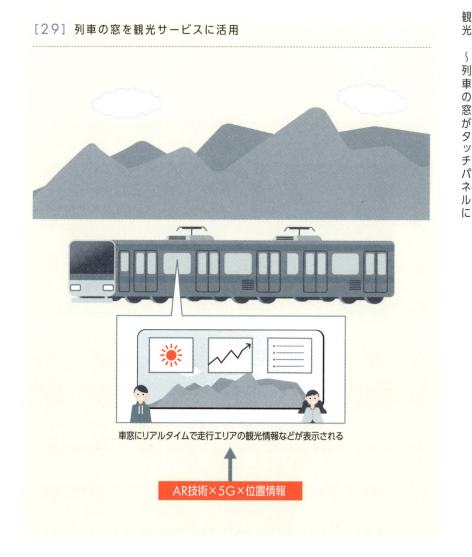

車窓にリアルタイムで走行エリアの観光情報などが表示される

AR技術×5G×位置情報

SECTION 28　観光　〜列車の窓がタッチパネルに

103

SECTION 29:

ライブ　〜複数のカメラアングルを
自分で自由に切り替えて楽しめる

音楽などのライブも5Gと組み合わさることで
新しい可能性が広がると期待されます。
複数のカメラの映像を好きに組み合わせて、
「自分だけのライブ」を作り出すこともできそうです。

◆好きな角度から楽しめる「体感型」ライブ配信

　5Gは臨場感を伝えるのに最適だと言われています。その特長を生かし、NTT
ドコモでは音楽ライブをいつでもどこでも視聴できるサービスを提供しようとし
ています。「新体感ライブ」というアプリを使ったサービスで、2画面のスマート
フォンで操作します。上画面には2160×1080のフルHD映像、下画面には3120×
1440のQHD映像を配信。下画面に6つの異なるアングルの映像が配信され、好き
なアングルを選んで上画面で視聴できます。この機能があれば、アイドルグルー
プのライブで「推しメンだけを見ていたい」といった希望も叶います。

◆2画面スマートフォンの普及で「複数アングル視聴」が一般的に

　「新感覚ライブ」の映像には、アーティストの動きに追従してゲージが表示され
ます。それをタップすると特典映像や個人の情報、通販サイトに飛ぶことができ
ます。また、視聴者同士がリアルタイムでコメントを記入し、アーティストを応
援、ライブの参加者と感動を共有できます。
　さらに、映像中のアーティストをタップすると、全視聴者から集まったアクシ
ョンデータがリアルタイムに反映され、星がキラキラと表示される演出が行われ
たりします。ライブを見ているみんなで拍手するというイメージでしょうか。
　今後、5Gが普及する中で、2画面スマートフォンや折りたたみ式スマートフォ
ンが増えてくるでしょう。「自分で好きなアングルを選んで大きな画面で見る」と
いうスタイルが、音楽ライブやスポーツ中継で一般的になりそうです。

[30] NTTドコモの「新体感ライブ」

SECTION 29 ライブ　～複数のカメラアングルを自分で自由に切り替えて楽しめる

2画面スマホ

5Gアプリに搭載された4つの視聴モード

マルチアングルモード	TIGモード
6つの高画質ライブ映像から好みのアングルに切り替えてフルスクリーンで視聴	アーティストの動きに追従して表示されるケージをタップして特典映像や情報をチェック

アクティブモード	コメントモード
アーティストをタップすると、全視聴者より集約されたアクションデータがリアルタイムに映像演出に反映	視聴者同士がリアルタイムに気持ちが高まる瞬間を共有でき、アーティストへの応援で更なる一体感を

※NTTドコモホームページをもとに作成

105

SECTION 30:

クラウドゲーム　～各社が相次いでプラットフォームを強化

今後、ゲームはさらにクラウド化が進んでいきそうです。
そんな中、グーグルがクラウドゲームプラットフォームを発表。
さらにソニーとマイクロソフトが業務提携しました。
将来的にはクラウドゲームの覇権争いが始まりそうです。

◆クラウドゲームならゲーム機もソフトも不要

　ゲームの世界はいま、クラウドに向かおうとしています。グーグルはクラウドをベースとしたゲームサービス、Stadiaを2019年11月から先行提供し、2020年に本格スタートさせます。対象国はアメリカ、カナダ、イギリス、フランス、ドイツ、イタリアなど14カ国で、日本は含まれません。

　Wi-Fiが内蔵された専用コントローラーがクラウドにつながり、テレビに映像を出力。また、パソコンやタブレットなどのChromeブラウザー上でも楽しめます。高精細なグラフィックを表示するのに、数万円もする専用機を必要としないのも魅力です。負荷の高い処理をクラウド上で行うことで、安価なデバイスで本格的なゲームが楽しめるのです。通信環境は必要ですが、4K画質では35Mbpsの通信速度が必要とされ、10Mbpsあれば720pxの解像度は保証されるといいます。

◆ソニーとマイクロソフトがまさかの業務提携

　グーグルによるクラウドゲームプラットフォームへの本格参入に警戒感を示したのか、ソニーとマイクロソフトが業務提携を結びました。ソニーと言えばプレイステーション、マイクロソフトはXBoxというゲーム機を販売しています。専用機ではライバルだった2社が、クラウドゲームではタッグを組み、打倒グーグルを掲げてきたとは驚きです。

　ただ、ソニーとしてはプレイステーション事業が成功を収めているものの、クラウドに関してのノウハウには乏しく、パートナーを必要としていました。一方

のマイクロソフトにはAzureというクラウドプラットフォームがあります。また、ソニーは画像センサーの技術力があるため、マイクロソフトのAI技術を組み合わせて法人顧客向けの新しい高機能画像センサーを共同開発する可能性も探るといいます。

　各社がクラウドゲームプラットフォームを意識しているのは当然のことながら5G時代を見すえているからでしょう。5Gには超低遅延という特長があるため、素早い反応が求められるクラウドゲームプラットフォームにはピッタリなのです。

　ゲームプラットフォームに関しては、アマゾンがゲーム動画配信サイト「ツイッチ」の買収しており、ゲーム分野に進出を果たしています。

　また、アップルも自社製品向けにArcadeという、ゲームが遊び放題となるサブスクリプションサービスを提供。Arcadeはダウンロードして遊ぶため、アップルいわく「インターネットのつながらないところでも遊べる」と、クラウドゲームプラットフォームを牽制しています。

[31] 一般的なゲームとクラウドゲーム

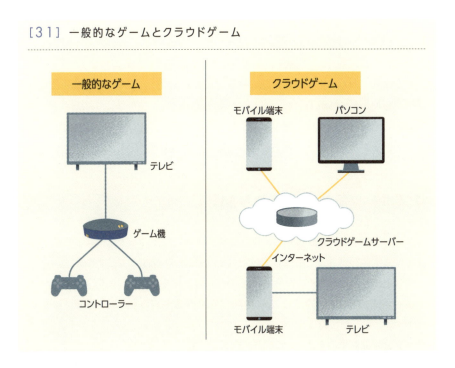

SECTION 31:

スポーツ観戦　～マルチアングルから自分が見たい映像をチョイス

臨場感を味わいたいコンテンツといえばスポーツです。
スタジアムの雰囲気や選手の動きが的確にわかれば、
スポーツ中継はもっと楽しくなるでしょう。
複数のカメラを自由に切り替える「マルチアングル視聴」が注目されています。

◆試合映像に加えて解説情報も配信

　NTTドコモは、2019年9月20日に5Gのプレサービスを開始しました。その記念すべき場所に選んだのが、ラグビー・ワールドカップでした。5Gを活用した新たな体験スタイルを、ラグビー・ワードカップが開催されているスタジアムやライブビューイング会場で提供しました。

　会場では、5G通信に対応した2画面のスマートフォンを用意。1つの画面には複数のアングルから撮影された映像を配信。それらの中から、自分が見たい映像をタッチすると、もう1つの画面いっぱいに表示されるというものです。

　いわゆる「マルチアングル視聴」と呼ばれるもので、自分が好きなチームや選手などを追いかけられるという楽しさがあります。

　試合の映像のみならず、選手情報や解説なども配信され、ルールが複雑でわかりにくいラグビーですが、初心者にもわかりやすいように配慮されています。

◆スポーツ配信に不可欠なMEC

　スポーツなどを中継する場合、映像をデジタル的に圧縮して配信するため、どうしても実際の動きよりも少しだけ遅れる「遅延」が発生してしまいます。

　できるだけ遅延をなくすために、5G時代には映像を処理して配信するサーバー自体をスタジアム内に設置して、低遅延を目指す取り組みも必要になっていきそうです。こうした技術はMEC（マルチアクセスエッジコンピューティング、P.120参照）と呼ばれています。

[32] マルチアングル視聴

2画面スマホ

試合をマルチアングル（多視点）で
リアルタイムに視聴できる
ハイライトシーンをリプレイする機能
などもある

見どころの映像が流れるFOCUSモード
選手の画像をクリックすると選手やプレーの
情報が表示されたりするSTATSモードなど
4つのモードがある

マルチアングル視聴を可能にするシステム（イメージ）

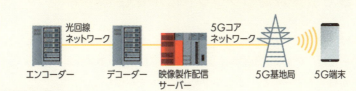

超低遅延を実現するため、
スタジアム内に
サーバーと基地局を設置

SECTION 31　スポーツ観戦　〜マルチアングルから自分が見たい映像をチョイス

109

SECTION 32:

PART2　5Gで世の中がどう変わる？

放送　〜5G中継で
機動力を生かした中継を実現

5Gの高速大容量でもっとも恩恵を受けそうなのが放送業界です。
事件現場からの中継などで5G回線が使われそうです。
また高価な放送機材もクラウド化されるため、
低コストで制作される放送が実現される可能性もあります。

◆圧倒的な低コストでの生中継やライブ配信を実現

　5Gによって革新が起こりそうなのが、テレビなどの放送業界です。

　2019年9月に日本で行われたラグビー・ワールドカップではNTTドコモと日本テレビが協力し、「ニュージーランド対南アフリカ」の一部で5Gプレサービス回線を用いて4Kカメラ映像の伝送を行い、テレビの生中継番組に利用する実験を行いました。従来は撮影場所からケーブルなどで伝送していましたが、5G回線を用いれば、飛躍的に低コスト化などを実現できることになります。

　将来的には、カメラにそれぞれ5Gの通信回線をつないでしまえば、ケーブルレスでゴルフや自動車レースの中継もできてしまうでしょう。何十キロもケーブルをはわせてカメラにつなぐような作業は不要になる可能性が高くなります。現在も会見や事件の現場から3Gや4G回線で中継するのが一般的になってきましたが、5Gになれば機動力を生かした取材や中継はさらに活発化するでしょう。

◆5Gで放送現場のクラウド化が進む

　5G時代が本格化することで予想されるのが、放送現場のクラウド化です。

　ソニーでは、クラウド上でスイッチング（画面の切り替え作業）を行い、ライブ制作が行えるサービス、Virtual Productionを提供しています。

　これは、ライブ会場にある放送用カメラやスマートフォンで撮影する映像をクラウドに送信し、クラウド上で映像の切り替えや編集、字幕の挿入などを行い、そのままユーザーのパソコンやスマートフォンにライブ配信するというものです。

複数のカメラとウェブブラウザーがあれば、放送機器や設備を持っていない個人でも、手軽に本格的な映像配信を行うことができます。

　5G時代には放送制作機器も仮想化、中継車や専門の放送制作機器などが不要で、これまでよりも簡単に安価でライブ制作環境を構築できるようになるというわけです。

[33] ソニーのVirtual Productionのしくみ

クラウド

スイッチャー　グラフィックス

音声ミキサー　クリップ再生

映像編集に
必要な機能

インターネット配信

メリット
▶ 映像製作に必要な機器が不要なので低コスト
▶ 簡単なセットアップでクオリティの高い映像制作が可能
▶ YouTubeやSNSをはじめ、ネット配信がしやすい

SECTION 32　放送　〜5G中継で機動力を生かした中継を実現

SECTION 33:

SNS ～5G時代には
動画編集がキラーアプリとなる

PART2　5Gで世の中がどう変わる？

5Gスマホが一般化するにつれて、
SNSなどで動画をシェアするコミュニケーションはさらに拡大するでしょう。
しかし、撮影した動画を編集するのは面倒なもの。
そんなユーザーのために、AIが動画を編集してくれます。

◆スマホで撮影した動画を自動編集してくれるアプリ

　運動会や旅行先でスマートフォンで撮った動画は、撮影したことで満足してしまい、その後、あまり見返さないというケースが多いようです。また、どうしてもカメラを回しっぱなしにしてしまい、退屈な映像になりがちです。後で編集すればいいのですが、データをパソコンにコピーしたり、名シーンをピックアップするのに何度も見返したりと、時間もかかります。

　こうした悩みを解決してくれるアプリを使ったサービスが、NTTドコモのMARKERSです。このサービスでは、まずスマートフォンで動画撮影中、名シーンに出くわしたらMarker（マーカー）をつけておきます。その後、動画を丸ごとクラウドにアップ。するとクラウドが自動的に編集し、ダイジェストを作成してくれます。そこからSNSにシェアすれば、友達はMarkerのついた名シーンをすぐに楽しめるのです。

◆AIが動画を自動編集してくれるスマートフォン

　じつはすでに動画をAIが編集してダイジェストを作成してくれる機能は、シャープのスマートフォン、AQUOS R3などでも実現されています。編集後は15秒という短い動画になりますが、SNSにシェアしやすいとあって好評です。AIが被写体の表情などを読み取って、ベストシーンだと判断するようです。

　5G時代のキラーコンテンツは動画だといわれていますが、ただ撮影しただけの長尺の動画を流してもSNSでは受け入れられません。家族や友人とも共有しにく

いでしょう。AIなどを駆使して、いかに魅力的な動画にするかという「編集力」が問われそうです。

[34] 動画は自動編集される時代へ

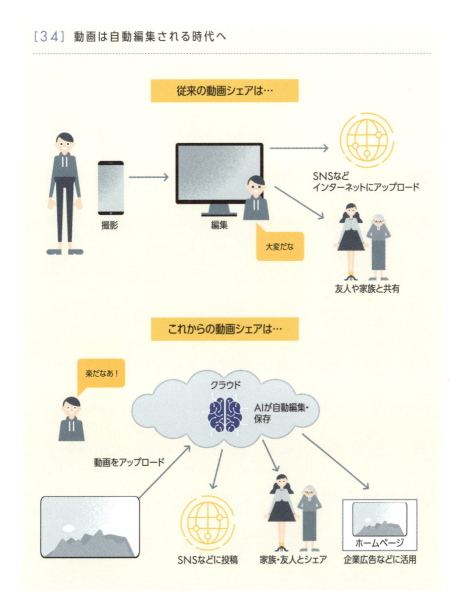

SECTION 34:

PART2　5Gで世の中がどう変わる？

スマートシティ　〜街中の
あらゆるものが通信でつながる

街中のあらゆる設備をネットにつないでしまうのがスマートシティ。
あらゆる生活インフラが通信でつながり、クラウドで管理されることで
効率的で安心安全な街に生まれ変わります。
ただ「管理社会」との批判もあり、議論の余地がありそうです。

◆街中をインターネットでつないで自動化

　街中をIT化してしまう「スマートシティ」の動きがアメリカで加速しています。NTTはラスベガスをスマート化する事業を商用化すると発表。アメリカの最大手通信キャリアであるベライゾンもNVIDIAやインテルなどを協力し、全米の都市をスマートシティ化しようとしています。

　ベライゾンは年間20億ドルの設備投資を行い、全米中に光ファイバーを敷設している強みがあります。街中にある街灯などに5Gの基地局とカメラ、センサーなどを設置することで、全米の都市をスマートシティにしてしまう計画です。

　では、都市がスマートシティ化するとどうなるのでしょうか。

　街灯などにカメラが設置されることで、人やクルマの動きがすべて把握できるようになります。AIを組み合わせ、顔認証ができるようになれば、人がいつ、どこを歩いているのかを追跡できるようになります。

　もちろん、クルマも同様です。ドライブレコーダーのみならず、街中のありとあらゆるところにカメラが設置されていれば、交通事故の原因を解析することが可能となり、将来的には交通事故をなくすことも可能になるかもしれません。

　信号機とクルマが5Gで絶えず通信した状態となれば、交通量に応じて、赤信号や青信号の点灯時間をコントロールできるようになります。幹線道路が渋滞しそうになれば、信号からクルマに別のルートに迂回するような指示を送ることも可能です。結果として、街全体の交通量をコントロールでき、渋滞の起きない街を作ることもできるでしょう。

◆スマートシティ化で自治体が抱える問題を解決

スマートシティでは、各家庭の電力やガスのメーターに通信機能を載せたり、街灯にセンサーを搭載したりすることで、電力需要に応じて発電所の発電量を細かく調節できるようになるなど、エネルギーの効率化を図ることも可能です。

スマートシティ化を進めることでエネルギー不足解消、CO2削減、人手不足解消、交通渋滞緩和、経済の活性化、災害対策など、自治体が抱える問題を解決できると期待されています。

[35] スマートシティ

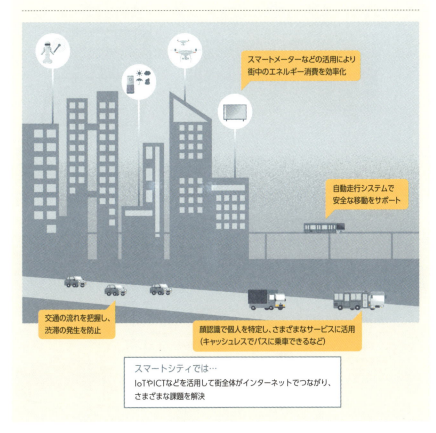

PART2のまとめ

PART2　5Gで世の中がどう変わる？

[　**5Gで
ビジネスはどう変わるか？**　]

1　5Gを活用した多様なサービスが登場

5Gによって、これまでにない魅力的なサービスやモノが生まれてきています。ライブなどを自分の好きなカメラアングルで楽しめるマルチアングル視聴、車窓がエンターテインメントや広告の空間になるニューコンセプトカート、サッカーボールにセンサーを内蔵して選手を分析するIoTボール…。医療や運輸、小売などあらゆる業界が大きく変わっていきそうです。

2　タッチレス、キャッシュレスが進む

JALは、5Gの電波特性を生かしてタッチレス搭乗ゲートを実現。この技術は鉄道の駅など、ほかの交通機関にも広まりそうです。また、米アマゾンはレジのないコンビニをスタート。アプリをダウンロードしたスマートフォンさえ持っていれば、ゲートを通るだけで決済が完了します。こうしたタッチレス化、キャッシュレス化は今後、広がっていくと見られています。

会計は…
ほしいものを持ってゲートを通るだけで自動で決済される

搭乗券情報が入ったスマートフォンをカバンに入れたままでゲートを通れる

> PART2では、5Gの登場により業界にどのような変化が訪れるかを説明し、近い将来のビジネスモデルなどについて見解を述べました。その内容をおさらいしましょう。

SUMMARY　5Gでビジネスはどう変わるか?

3 これまでにない新型モバイルデバイスが誕生

高速・大容量や超低遅延といった5Gの特長を生かすために、2画面タイプや折りたたみ式など、新しいタイプのスマートフォンが誕生しています。また、タブレットでありながらパソコン並みの性能を持つ2in1タブレットパソコンの開発も各社で進行中。デバイスの進化にともない、いつでもどこでも自由に仕事できるというスタイルが普及しそうです。

4 人口減・高齢化・労働力不足をカバーできる

5Gの普及にともない、遠隔医療(診断)や無人タクシーといったサービスも広がりそうです。とくに高齢化が進む過疎地では、人々が安心して暮らすために欠かせないサービスとなりそうです。また、重機の遠隔操作やスマート農業も可能になり、人手不足の改善につながる見込みです。

COLUMN | 5Gの小噺②

5Gの有効活用をめざして試行錯誤を重ねるキャリア

　2020年春の5G商用開始に向けて、各キャリアはこれまでさまざまな実証実験を行ってきました。それらをいくつも取材しましたが、中には「これって、5Gでなくてもよいのでは？」と首をかしげたくなる実証実験も少なくありません。

　キャリアとしては5Gを生かそうとアイデアをひねり出して実証実験をしているのですが、それほど速度を必要としないもの、低遅延という特長が生かされていないものなど、「4Gでもできる」というケースが見られました。

　また、28GHz帯という、これまで携帯電話向けでは使ったことのない周波数帯は、電波のプロであるキャリアにとっても未知の周波数帯のようで、扱いに苦労しているように見える場面もありました。

　あるスタジアムでの実験では、5Gタブレットの前に人が立つと28GHz帯の電波をつかめず、圏外になってしまうため、5Gタブレットを固定して設置し、基地局と5Gタブレットの間は立入禁止にすることでようやく電波をつかむことができるという状態でした。担当者に話を聞くと「スタジアムで28GHz帯を飛ばすなら、屋根付きのスタジアムのほうがいいかもしれない。天井に基地局を設置し、上からシートに向かって電波を飛ばせば、人が間に立って圏外になることが少なくなりそうだ」と教訓を得たようでした。こうしてさまざまな実験を重ねながら、実用性を上げていくというわけです。

PART2　5Gで世の中がどう変わる？

PART

3

世の中が変わる意味、
さらなる未来

SECTION 01:

MEC
〜超低遅延を実現する通信技術

5Gには超低遅延という特長がありますが、
端末とクラウドの間に物理的な距離があると、どうしても遅延が発生します。
その遅延を少しでもなくそうと、端末の近くにサーバーを置く技術が
MEC（マルチアクセスエッジコンピューティング）です。

◆サーバーをできるだけ端末の近くに設置

　5Gサービスが始まり、多数の端末が膨大な通信量を発生させるようになると、ネットワークに大きな負荷がかかります。5Gの無線は超低遅延が特徴ですが、ネットワークに負荷がかかりすぎると、その部分で超低遅延を実現できなくなる恐れが出てきます。

　そこで注目を集めている通信技術がMECです。MECといえば、かつてはMobile Edge Computingの略語でしたが、最近ではMulti Access Edge Computingの略語になりつつあります。これは基地局のそばにサーバーを置いてデータを処理し、通信の効率化を図る技術です。

　たとえば、重機の自動運転では、重機のセンサーが読み取った情報（データ）をリアルタイムで、すなわち超低遅延で処理しなければ間に合いません。それには、なるべく近場ですぐデータ処理するのが理想です。つまり、インターネットを経由してクラウドで処理するよりも、基地局のそばにサーバーを置いて処理したほうが超低遅延を実現できるのです。

　また、ネットワークゲームなども反応が命ですから超低遅延が求められます。さらにサーキットの映像中継なども動画データをクラウドにあげていたらそれだけで時間がかかりますから、基地局で処理してしまうのが理想的と言えます。

◆日本では楽天モバイルがMECに本腰

　大容量のデータ解析に有用なMECですが、国内で注力しているのは、第4のキ

PART3　世の中が変わる意味、さらなる未来

ャリアである楽天モバイルです。同社は日本全国で4000カ所あるNTTの局舎などにMECサーバーを設置し、あらゆるところでMECによる迅速な処理を実現しようとしています。

　ただ、MECに関しては、「理想的な技術だが、基地局の近くにサーバーを置くにはコストがかかり、割に合わない」という他キャリア関係者もいます。

[01] MECのしくみ

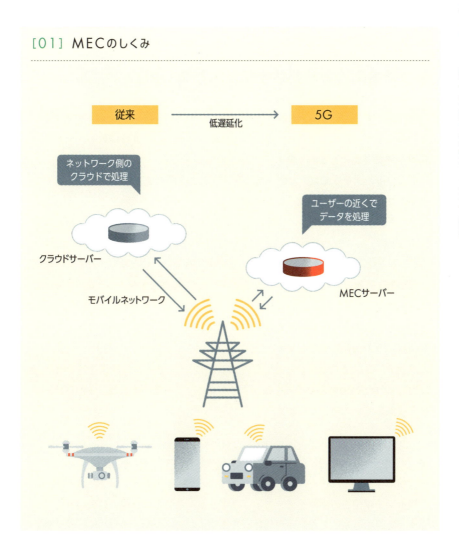

SECTION 02:

高精度位置情報×5G
～誤差数cmの測位サービスが実現

位置情報を測位するものとして「GPS」が知られています。
アメリカの衛星から電波を受けることで、現在位置がわかります。
現在、ソフトバンクやNTTドコモでは新たに独自の基準点を設けて
GPSよりも高精細な測位を実現するサービスを提供し始めています。

◆高精細測位の秘密は全国に広がる「独自基準点」

　現在、スマートフォンの位置情報はGPSと基地局の情報を組み合わせて取得していることがほとんどです。この方法の難点は誤差で、ときには数十メートルの誤差が発生することもあります。

　そんな中、誤差数センチという高精度な位置を取得できるサービスがNTTドコモやソフトバンクから提供されています。

　ソフトバンクでは、既存の基地局を活用して、全国3,300カ所以上に高精度な受信機を設置し、「独自基準点」としました。そしてGNSS（Global Navigation Satellite System：衛星測定システム）受信機を販売し、独自基準点にある受信機とGNSS受信機の2つを利用して、リアルタイムで2点間で情報をやり取りすることで、高精度の測位を実現しました（RTK／リアルタイム・キネマティック測位方式）。

　GNSS受信機は、日本の準天頂衛星「みちびき」をはじめ、国内外のさまざまな衛星からの信号を受信します。

　ソフトバンクでは全国いっせいに3,300カ所以上でサービス提供を行いますが、NTTドコモでは同様のしくみを採用するものの、ニーズのあるところからサービスを提供していくとしています。

◆センチメートル単位の測位技術がもたらす未来

　数センチ単位での測位ができるようになると、たとえば農場で自動運転のトラクターを走らせることなどが可能になります。ドローンやバスにGNSS受信機を

設置すれば、街なかでも自動運転が現実的になります。

　将来的には5Gの超低遅延、高信頼通信と高精度位置情報を組み合わせることで、新しいサービスが生まれてくる可能性があるのです。

[02] ソフトバンクのRTK測位方式

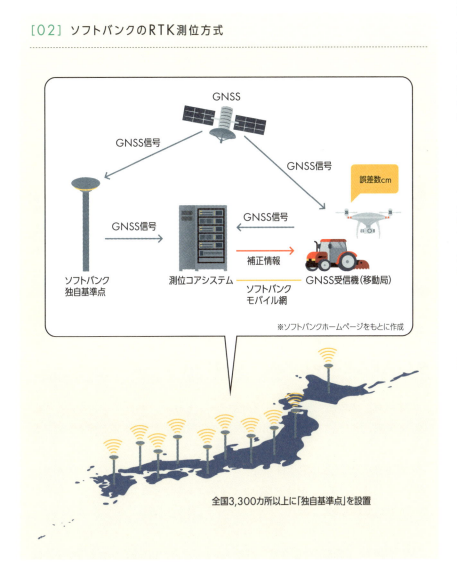

※ソフトバンクホームページをもとに作成

全国3,300カ所以上に「独自基準点」を設置

SECTION 03:

5Gがもたらす
モバイルとIT業界の再編

5G時代において、キャリアは通信サービスだけでは生き残れなくなります。
そこで、さまざまな企業と提携を行っていきます。
NTTドコモやKDDIはGAFAと仲良くする一方で
ソフトバンクグループは「GAFA対抗」の道を選ぼうとしています。

◆非通信事業の強化を急ぐキャリアたち

　5G時代に向けて、企業の合従連衡や大型提携が加速しそうです。

　アメリカでは業界1位のキャリアであるベライゾンが米ヤフーを買収、さらに業界2位のキャリアであるAT&Tはタイムワーナーを2018年に買収しています。

　ベライゾンは米ヤフーが持つネット広告事業、AT&Tはタイムワーナーの映画がドラマなどのコンテンツが欲しかったようです。5Gになることで、動画コンテンツや動画広告の需要が高まります。キャリアとしては、5Gへの設備投資がかさむ一方で、「使い放題」が当たり前の料金プランとなれば通信料収入の拡大にも限界があります。そのため、非通信の事業を持つ企業を抱え込みたいと買収に走るようです。

◆GAFAとキャリアはベストパートナー？

　日本でも、ソフトバンクグループのヤフージャパンと韓国・ネイバーの傘下にあった無料メッセージアプリ・LINEが2020年秋に経営統合すると発表がありました。

　ヤフージャパンとLINEは日本発のインターネット企業であり、日本で勢力を拡大しているグーグル、アマゾン、フェイスブックなどの企業に対して、強い危機感を抱いているといいます。

　ヤフージャパンはパソコン向けサービスからスタートし、おもに30代以上のユーザーが多く、6,000万の顧客基盤があります。一方、LINEはスマートフォン向

けサービスとして、若者を中心に使われ、8,000万のユーザーがいるといいます。両社が経営統合することで、幅広いユーザー層にスマートフォン決済やネット通販などのサービスを提供し、グーグル、アマゾン、フェイスブックに対抗していく心づもりのようです。

　一方、アマゾンと仲良くする道を選んだのがNTTドコモです。2019年11月、「ギガホ」という料金プランを契約していれば、アマゾンのサービス「Amazonプライム」の年会費4,900円が無料になるキャンペーンを始めました。Amazonプライムは通販で購入したものが送料無料で翌日配送されたり、動画や音楽が見放題、聴き放題になるサービスです。さらにNTTドコモでは5Gでデータ通信が使い放題、Amazonプライムビデオが見放題になるプランも検討しているようです。

　すでにKDDIはネットフリックスと提携し、視聴料と通信料金をセットにして割安にした料金プランを提供中。さらに、フェイスブックやアマゾンとも5Gに向けて提携を発表しました。

　今後も5Gに向けてキャリアとネット企業の距離が近くなっていきそうです。

[03] 日本のキャリアとGAFAの関係性

	グーグル	アップル	フェイスブック	アマゾン	その他
ドコモ		iPhone		プライム無料	
KDDI		iPhone アップル ミュージック	XR活用	5Gクラウド	Netflix プラン
ソフトバンク	Pixel 4 独占販売	iPhone			Yahoo!と LINE 経営統合
楽天					

※GAFA：アメリカの大手ネット企業Google、Apple、Facebook、Amazonを指す

SECTION 04:

2つのeSIM
～手軽に通信キャリアを切り替え可能

スマートフォンにはSIMカードと呼ばれる
プラスチックカードが内蔵されていますが、
最近では基盤に契約情報などを書き込む「eSIM」も登場しています。
将来的にはSIMカードは消滅し、eSIMが当たり前になるかもしれません。

◆eSIMとは?

　従来、SIMカードと言えば、小さなプラスチック板にICチップが埋め込まれているものでした。このICチップに電話番号などの契約情報が書き込まれています。一方、最近日本でも増えてきているのがeSIM対応型の端末です。eSIMのeはembedded、「組み込み」という意味で、eSIMは「組み込みSIM」のことです。

　たとえば、アップルのiPhone 11シリーズやiPad、グーグルのPixel 4といったスマートフォンやタブレットがeSIMに対応しています。

　ひとくちにeSIMといっても、大きく2つの意味があります。

　1つは、その名の通り「組み込み型SIM」。基盤にはんだ付けされたチップにSIM機能が内蔵されています。取り外しなどはできません。小さな製品に組み込むことも可能ですし、耐振動性、耐腐食性に優れ、広範囲の温度への対応が可能です。自動車などには、このような組み込み型のSIMが向いています。

◆海外旅行時にeSIMで現地の安い通信サービスを契約

　もう1つ、SIMに書き込むべき契約情報を書き換えられる機能を指す「RSP（リモートSIMプロビジョニング）」をeSIMということもあります。組み込み型でも、従来のプラスチックカードでも書き換えが可能であればeSIMです。

　従来のように、端末のSIMカードを入れ替えなくても、契約情報などを書き込めば、すぐにキャリアの通信サービスが利用できるようになります。たとえば、iPhone 11やPixel 4では、海外に渡航した際、現地の安価な通信サービスを提供

する事業者のSIMをeSIMとして、書き込めます。従来は、空港の売店などでプリペイドSIMカードを購入するといった手間がかかっていましたが、eSIMなら渡航前にクレジットカードで決済し、契約情報をあらかじめ書き込んでおけば、飛行機が着陸したらすぐに通信を開始することができます。

5G時代にはあらゆるものがネットにつながります。SIMカードが物理的に入らない小さなデバイスも、eSIMであれば通信に接続させることができます。

[04] eSIMと従来のSIMの違い

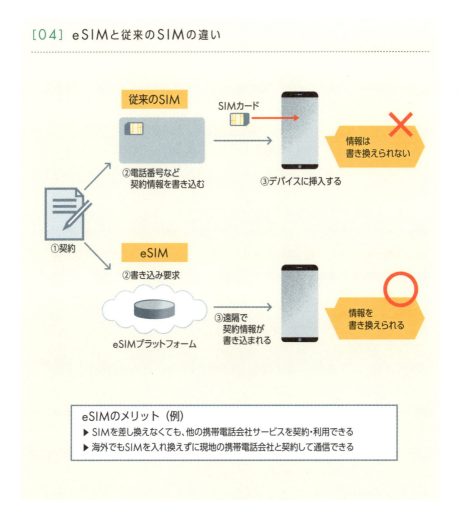

SECTION 05:

楽天モバイル
～新規参入キャリアが目指すもの

2019年10月、楽天は第4のキャリアとして「無料サポータープログラム」を
5,000名限定で開始しました。通信料金、通話料金、すべて無料です。
本来は10月から商用サービスを開始する計画でしたが、基地局整備が遅れ、しかたなく「無料プログラム」に切り替えた事情がありそうです。

◆価格破壊をねらう楽天モバイル

　NTTドコモ、KDDI、ソフトバンクに続き、「第4のキャリア」として楽天モバイルが携帯電話事業に参入しました。

　同社の強みとなりそうなのが、「完全仮想化ネットワーク」(P.34参照) です。既存キャリアにはない、クラウド技術を使ったネットワーク構築により、ユーザーに安価なプランを提供し、高止まりしている携帯電話料金に価格破壊を起こすつもりなのです。

　しかし、楽天の携帯電話事業を不安視する声もあります。楽天がネットワーク構築のために準備している6,000億円という額は、NTTドコモが年間に費やす設備投資額とほぼ同等です。当時KDDIの社長だった田中孝司会長は「6,000億円で設備投資が賄えるほど通信事業は甘くない」と語っています。

◆楽天モバイルの強みと弱み

　楽天は当面、東京23区、名古屋市、大阪市、神戸市を中心に自社ネットワークを構築し、それ以外のエリアはKDDIのネットワークにローミング接続する形を取ります。都心部においても、地下鉄や地下街、商業ビルなどでもKDDIにローミングしています。

　KDDIとのローミング契約は2026年3月末までとなっています。楽天はそれまでに全国的にネットワークを敷設する必要があります。ただ、既存のキャリア3社は、700～900MNHzでつながりやすいとされる「プラチナバンド」でエリアを

カバーしつつ、1.7GHz、2GHz、2.5GHz、3.5GHzなど複数の周波数帯を束ねて高速化を実現しています。楽天には1.7GHz帯と5Gで用いる3.7GHz帯、28GHz帯しかないため、3キャリアと互角に戦うのは難しいとされています。

ただ、楽天は2020年6月から開始予定の5Gに勝機を見出しています。現在、構築中の4Gネットワークをソフトウェア・アップデートで5G化することで他社との差別化につなげようとしているのです。

楽天が3キャリアと戦うには、いかに「自社の強い領域で勝負するか」にかかっています。楽天の強みと言えば、ネット通販や旅行、銀行、証券などをポイントで回す「楽天経済圏」です。一方、3キャリアも通信からスタートしているものの、ネット通販や金融などのサービスの開発に注力しています。

4社はいずれ通信とサービスという軸で戦うことになるでしょう。すでにサービスで先を行く楽天がどのように3キャリアを攻めていくかが注目の的と言えそうです。

[05] 楽天モバイルの顧客獲得戦略

1億を超える楽天ID
70を超えるサービス

360万口座
楽天証券

220万ユーザー
MVNO
（移動体通信事業者）

1,830万カード保有者
楽天カード

800万口座
楽天銀行

楽天モバイル

※楽天モバイル発表資料を参考に作成

SECTION 06:

アメリカはなぜ
ファーウェイを警戒するのか

アメリカが中国メーカーのファーウェイに制裁措置を発動、
通信機器を輸入させないだけでなく、
アメリカ企業にファーウェイとの取引をしないようにもしています。
その背景にはどういう思惑があるのでしょうか。

◆ファーウェイはグーグルのサービスを使えなくなる？

　アメリカが中国の通信大手・ファーウェイを警戒しています。2014年には政府機関などで同社製品の使用を禁止、2018年12月にはアメリカの要請でCFOがカナダで逮捕され、2019年8月にはエンティティリスト（制裁リスト）にファーウェイを加え、同社はアメリカ企業と取引することもできなくなりました。これは同社にとって、Androidを提供するグーグルとの関係継続も難しくなるということです。ファーウェイでは、2019年9月に発表したmate 30 Proにおいて、Androidをベースとしているものの、グーグルが提供するGmailやGoogle Mapなどアプリを搭載しないとしました。アプリ配信ストアのGoogle Playにも非対応であるため、Android向けに普及しているアプリもインストールできません。

◆ファーウェイへの制裁は日本経済にも影響

　アメリカはなぜファーウェイを押さえ込もうとするのでしょうか。2019年現在、同社はスマートフォンメーカーとしては、サムスン電子に次いで世界2位のシェアを誇ります。世界的にはiPhoneよりも売れており、販売台数は年間2億台以上。しかし、アメリカが脅威を感じているのはネットワークの部分です。ネットワーク事業では、フィンランドのノキア、スウェーデンのエリクソンを抜き、すでに世界トップシェアを誇っています。

　5Gの世界では、コアネットワークを中心に、スマートフォンだけでなく、クルマやIoT機器などあらゆるものがネットワークにつながります。もし、世界的に

ファーウェイの5G基地局やネットワークが普及すれば、あらゆる通信が同社に監視される可能性が出てきます。ファーウェイは中国政府から独立した私企業だと主張していますが、アメリカは中国政府との結びつきを懸念しているようです。

ファーウェイの日本・韓国リージョンプレジデント、呉波氏によれば「ファーウェイが日本で調達した端末部品は2018年、60億ドル（約6,780億円）に達する見込みだ。これは日本から中国への総輸出額の4％にあたる」といいます。ファーウェイの端末部門のトップであるリチャード・ユー氏も「カメラのセンサーとバッテリーはソニー、ディスプレイはジャパンディスプレイから調達している。無線部分も日本製で、パナソニックや村田製作所、京セラにお世話になっている」と語ります。

ファーウェイの問題は、アメリカと中国との間の貿易戦争のように見えますが、じつは日本にも深刻な経済的影響が出てくる恐れがあるのです。

[06] スマートフォンの世界シェア

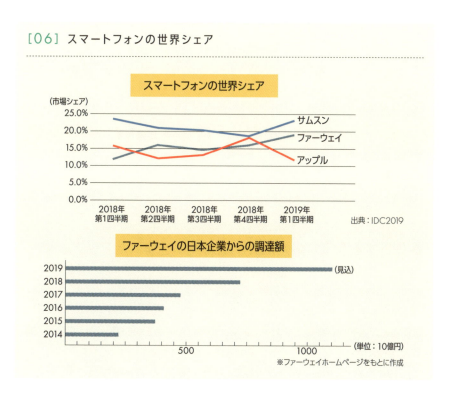

SECTION 07:

アップルvs.クアルコム
〜和解の背景

アップルと、スマホ向けのモデムチップで圧倒的なシェアを持つクアルコムが
しばらくの間、けんかをしていました。
しかし、5G時代に向けて一気に和解。
アップルはクアルコムなしに5G対応iPhoneは作れないと判断したようです。

◆訴訟を機にクアルコムを排除したアップル

　アップルとスマートフォン向けモデムチップ大手のクアルコムは2019年4月16日、スマートフォン向けモデムチップの知的財産を巡る訴訟で和解しました。

　両社の衝突は2017年までさかのぼります。それまでアップルはクアルコム製のモデムチップを採用していたのですが、クアルコムはアップルに対してモデムチップの代金に加えて、それに伴う特許使用料についても請求していました。

　しかし、その請求額が膨大だったためか、2017年にアップルは「使用料が高すぎる」とクアルコムを提訴。一方で、クアルコムは対抗措置としてアップルを知的財産権の侵害で訴えたのでした。

　以降、アップルは2016年から徐々にモデムチップの調達先をクアルコムからインテルに切り替え、2018年からはすべてインテル製にし、クアルコムを排除してしまいました。

　しかし、ここに来てやっかいな問題が起きてきました。それは5Gへの対応です。

◆先行する5G対応Andoridに追い込まれたアップルは…

　アップルがモデムチップを調達していたインテルでは、スマートフォン向け5G対応モデムチップの開発が大幅に遅れていました。一方、クアルコムは、3Gのころからモデムチップやアプリケーションプロセッサーなどを開発し続けており、携帯電話やスマートフォンの通信に関する膨大な特許を取得しています。

　2019年、クアルコムのチップを採用したAndroidメーカーが続々と5Gスマー

トフォンを投入する中、アップルは苦しい立場に追いやられていきました。

まず、インテルに5Gチップを開発してもらうのはいいのですが、製品化は2020年にも間に合わないかもしれない状況にありました。

アップルとしてはいっそのこと、インテルと決別し、自社でモデムチップを開発するという選択肢もありました。そのため、クアルコムの本社がある米サンディエゴでも人材の採用活動を行っていたようでしたが、ティム・クックCEOは「我々が自社開発しても3～4年はかかるだろう」と悲観的でした。

Android勢に遅れることなく、アップルが5Gモデムチップを手に入れるにはクアルコムとの和解しか選択肢はありませんでした。アップルとクアルコムが和解したことで、2020年秋には5G対応iPhoneの発売が間に合いそうです。

[07] スマートフォン市場で躍進するクアルコム

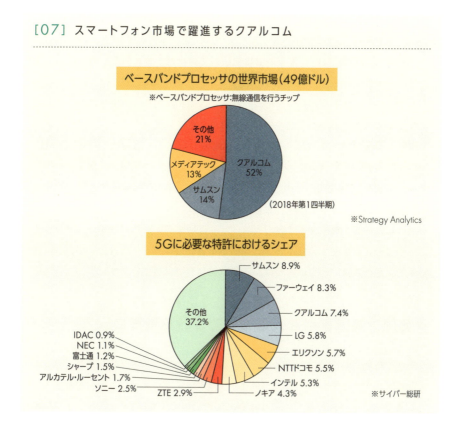

SECTION 07　アップル vs. クアルコム　～和解の背景

SECTION 08:

5G普及の足かせになる
総務省の端末割引規制

2019年10月、電気通信事業法が改正されました。
「2年縛りの見直し」「解除料を1,000円に値下げ」などが主な変更点です。
端末割引にも大きな規制が入ります。それによって、
5Gスマートフォンの普及が進まなくなる可能性が出てきました。

◆2年縛りを見直し、解約料も大幅値下げ

　2018年8月、菅義偉官房長官が「他国と比較して日本の携帯電話料金は高すぎる。4割値下げできる余地がある」と発言し、携帯電話業界に波紋が広がりました。以来、総務省は4割値下げを実現しようと、あの手この手を打ってきました。

　2019年10月1日には改正電気通信事業法が施行され、通信料金と端末代金の完全分離を実現。端末と通信をセットにする場合、割引額の上限は2万円としました。すでに「一括ゼロ円」などの販売方法には規制が入っていましたが、これにより、端末への大幅割引がさらに規制されました。

　また、料金プランを契約する際の「2年縛り」に対しても厳しくなり、2年間、契約が拘束されるプランといつでも止められるプランとの差額が、従来、一般的だった1,500円から170円に引き下げられました。2年未満に解約する際の解除料も9,500円から1,000円に値下げとなっています。

　こうした施策を展開することで、ユーザーはいま契約しているキャリアを止めて、乗り換えがしやすくなります。通信事業者間でユーザー獲得合戦が起きれば、結果的に通信料金の値下げにつながると、総務省では見ています。

◆韓国は端末割引を復活させて5G先進国に

　一連の総務省の施策は消費者保護を目的としています。しかし、ここにきて大きな問題が出てきました。5Gスマートフォンにも、このままでは割引規制が入ってしまうのです。おそらく、2020年春、初めに出てくる5Gスマートフォンは高

額になるでしょう。通信エリアも限定的です。はたして、高額で5Gにもつながりにくいスマートフォンを、どれくらいの人が割引なしの定額で買ってくれるでしょうか。

　韓国でもかつて端末割引に規制が入っていましたが、それでは業界が活性化されないということで方針を撤回。5Gスマートフォンを大幅に割引きすることで、一気に普及が進みました。日本でも割引規制を見直さないことには、「5G後進国」になってしまいそうです。

[08] 携帯電話料金の改正のポイント

総務省のねらい

携帯電話の端末料金と通信料金の分離
▶ 既存大手通信事業者と新規参入・格安SIM通信事業者との競争を促進
▶ 通信料の値下げを実現

	端末料金	違約金	その他
従来	2年契約を結ぶと大幅な割引 →端末が実質0円になるキャンペーンなど	9,500円 （大手3社）	2年縛りのないプランは割高
2019年10月〜	2年契約を条件とする割引は禁止 →ポイント付与や下取りによる還元も不可 通信回線と端末のセット販売の場合、割引額の上限は2万円	上限1,000円	2年縛りのないプランとの差額の上限は170円

改正でどう変わる？
メリット　・端末と通信回線の料金が分かれたので、プランがわかりやすくなる
　　　　　・乗り換えがしやすくなる　・値下げが起こる可能性がある
デメリット　・端末料金が高いままになり、新機種の普及が進まない可能性がある

SECTION 09:

端末割引規制で戦々恐々の
スマートフォンメーカー

これまで日本市場では端末に対する高額な割引があったため、
iPhoneのようなハイエンドモデルがよく売れました。
しかし、規制が入ることで、5G対応のハイエンドスマホの開発に対して
および腰になるメーカーが出てきそうです。

◆端末割引規制がメーカーに与える影響は?

　前のSECTIONで紹介した総務省による端末割引規制により、もっとも影響を受けるのがスマートフォンメーカーです。

　これまでは、高額なスマートフォンに対しても、割引が適用されていたため、ユーザーは気軽に購入できるというメリットがありました。しかし、割引がなくなれば、ハイエンドモデルなどに手を出しにくくなるのは間違いありません。

　こうした規制で、とくにピンチにおちいっているのがアップルです。

　これまでアップルのiPhoneは、各キャリアの大盤振る舞いとも言える割引によってシェアを伸ばしてきました。端末代金を「実質0円」にするキャンペーンに加えて、新機種発売時期に使っていたiPhoneを高額で下取りするキャンペーンなどもあり、ユーザーが増えていました。しかし、総務省の割引規制によって、そうした売り方はできなくなりました。

◆メーカーは5Gスマートフォン開発にはおよび腰?

　iPhoneが窮地に立たされる中、ライバルであるAndoridスマートフォン勢に追い風になるかといえば、必ずしもそうではないようです。

　キャリアが割引できなくなると、Androidスマートフォンメーカーには「安い端末じゃないと売れない」というプレッシャーがかかります。2019年から、各Androidメーカーは、ハイエンドスマートフォンとともに、2～3万円のミドルクラスのスマートフォンにも注力し始めました。とくにソニーやサムスン電子など、

PART3　世の中が変わる意味、さらなる未来

これまでフラグシップしか展開していなかったメーカーも、こぞって、格安スマートフォン向けの安価なスマートフォンを強化しています。

さらに、メーカーにはキャリアから「キャンペーン施策に協力してほしい」という要請が増えています。スマートフォンを買ってくれた人に電子マネーをプレゼントするといったキャンペーンはメーカーが原資を負担していたりするのです。

「割引がないから高額な5Gスマートフォンが売れない」という危機感の中、5Gスマートフォンを積極的に開発、製造するメーカーがなかなか出てこなくなる恐れもあるのです。

[09] 国内のスマートフォン・携帯電話市場

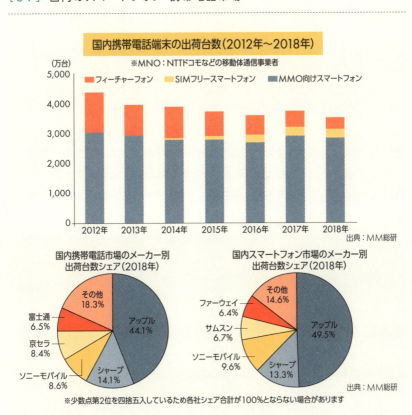

SECTION 10:

過熱する5Gへの期待に
警鐘を鳴らす

5Gに対しては「過熱しすぎているのではないか」という見方もあります。
サービス開始当初はエリアも限定的であるため、
期待どおりの使い勝手は実現されないでしょう。
むしろ開始当初は「期待外れ」というレッテルを貼られる恐れもありそうです。

◆「これって、4Gでもよいのでは?」という意見

2020年春、日本でもサービスと開始となる5G。メディアやモバイル業界はこぞって「5Gで世界は変わる」と主張しています。しかし、業界関係者の中には「盛りあがりすぎている。反動が怖い」ともらす人もいます。筆者も少々、「世間の5Gに対する期待が高すぎる」と不安を抱かずにはいられません。

2020年春にスタートしても、5Gの電波は飛びにくく、エリアは限定的です。5Gスマートフォンもハイエンドモデルが中心で、総務省の規制によって割引に制限があるため高額です。5Gの特長を生かすサービスも、開始当初は少ないはずです。「これって4Gでも提供できるのでは?」というものばかりでしょう。

5Gスマートフォンの選択肢が増えるのは2021年以降になりそうです。さらに、「これこそ5Gならでは」と言える高機能なネットワークは、SA(スタンドアローン)として提供される2022〜23年を待つ必要があるでしょう。

振り返ってみれば、3Gサービスの開始直前も「超高速通信でテレビ電話ができる」「ケータイで映像を楽しむ世界がやってくる」ともてはやされましたが、結局、テレビ電話を使う人はいませんでした。

◆5Gを生かすのに必要な「何か」とは?

携帯電話でのコミュニケーションは通話とメールが中心だった時代にアップルからiPhoneが登場して、我々の生活は一変しました。

5Gが始まるといっても、単にネットワークが進化するだけに過ぎません。かつ

てのiPhoneのような斬新なインパクトのある「何か」が生まれてくるとしたら、それはおそらく既存のキャリアからではないでしょう。

5Gというタネにヒントを得て「世界を変えてやる」という、かつてのスティーブ・ジョブズのような存在が出てきてこそ、革新的なデバイスやサービス生まれてくるのではないでしょうか。

[10] 急速に普及が予想される5Gサービス

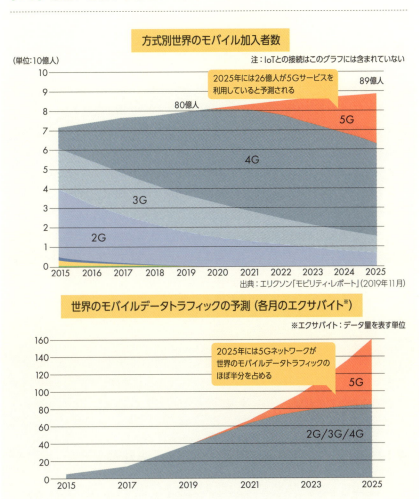

SECTION 11:

プラチナバンドで5Gを全国展開する
ダイナミックスペクトラムシェアリング

PART3　世の中が変わる意味、さらなる未来

5Gのエリア展開をゼロからする必要なし。
すでに全国展開され、つながりやすい
4Gネットワークを5Gと共有することで
全国展開を一気に果たす技術がありました。

◆5Gエリア展開の課題を一気に解消

　5Gの普及において懸念材料といえば、エリアです。

　日本の5Gでは3.7GHz、4.5GHz、28GHzという3つの周波数帯を使いますが、これまで使われてきた周波数帯に比べて直進性が高く、回り込みにくい電波特性であるため、建物などの屋内に浸透しづらいという難点があります。

　また、5G対応の基地局を全国に設置するには当然、時間とコストがかかります。

　そんな中、DSS（Dynamic Spectrum Sharing：ダイナミックスペクトラムシェアリング）という技術が注目を集めています。

　DSSは既存の4G基地局に導入し、4Gで使っていた周波数で5Gの電波も一緒に飛ばしてしまうという技術です。5Gが導入されたからといって、5Gスマートフォンが一気に普及するものでもありません。4Gスマートフォンの人が多くいる中で、徐々に5Gスマートフォンの人が増えてきます。従来の4Gで使っていた周波数で5Gも一緒に飛ばせたら、4Gスマートフォン、5Gスマートフォン、両方のユーザーに通信を提供できます。

　5Gに割り当てられた周波数帯は飛びにくいとされています。しかし、4Gで提供されている「プラチナバンド」は面をカバーするのに最適です。プラチナバンドで5Gが提供できれば、一気に全国レベルで5Gエリアにすることが可能です。

◆NSAからSAへの移行の課題は「法整備」

　全国を5Gエリアにできれば、NSA（P.32参照）からSAに移行するのも容易に

なります。SAになれば、5Gの特長をフルに引き出す「真の5G」に生まれ変わります。

すぐにでもDSSを導入したいところですが、日本ではプラチナバンドなどは「4G用の免許」として割り当てているため、こうした技術を導入するには、総務省で議論し、法整備をする必要があります。時間がかかると予想され、またも海外に出遅れてしまいそうです。

[11] DSSのしくみ

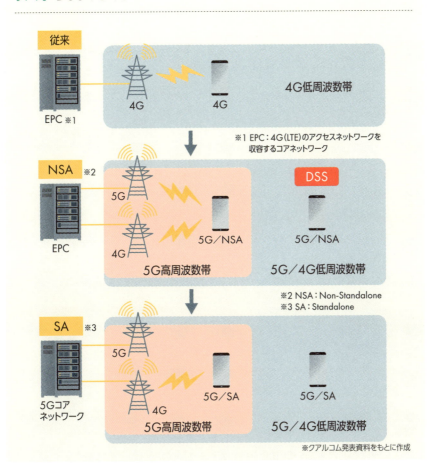

※クアルコム発表資料をもとに作成

SECTION 12:

格安スマホの今後の展開 ～MVNOからVMNOへ

「格安スマホ」としての認知が広がったMVNO。
しかし、キャリアが新しい料金プランを出すなか、
「格安」だけでは間違いなく淘汰されていきます。
5G時代に向けてMVNOには変化が求められます。

◆5G時代に求められるMVNOとは?

　キャリアからネットワークを借りてサービスを提供している通信事業者をMVNO（Mobile Virtual Network Operator：仮想移動体通信事業者）といいます。いわゆる「格安スマートフォン」業者ですが、ここ数年ですっかり定着した印象があります。

　ただ、通信料金の安さだけで勝負していくのは、この先、限界があると言われています。

　そんな中、MVNOの業界団体から5G時代に向けたVMNO（仮想通信事業者）という新しい業態が提案されました。5Gのとりわけ SA時代にはコアネットワークが仮想化されることでネットワークスライシングが可能となり、NTTドコモやKDDI、ソフトバンクといったMVNOとMNO（Mobile Network Operator：移動体通信事業者）の関係性や競争環境が変わってきます。そこで、2つの形態が提案されたのです。

◆格安スマートフォンを卒業し、多様なサービスを提供

　1つは「ライトVMNO」という考え方です。MNOの仮想化コアネットワークを活用することで、MNOと同等の高いサービス自由度を有し、ネットワーク上のサービス品質、すなわち QoS（Quality of Service）による高い付加価値を実現するタイプの仮想通信事業者です。従来の格安スマートフォンだけでなく、IoTや法人向けなどにも高い自由度を持ったサービスの提供が可能になります。

もう1つが「フルVMNO」です。MNOから独立した仮想化コアネットワークを有し、MNOや他の無線網を活用しつつ、すべてのレイヤーでMNOに依存しない独自の付加価値を可能とするタイプの仮想通信事業者になります。

3Gや4Gまでは、MVNOはMNOと接続点（PO）でつながっており、そこで接続料が発生していました。ライトVMNOやフルVMNOでは、従来の接続料という考え方では対応しきれない部分が出てきます。

既存キャリアがネットワークスライシングを実装するのは2022年以降と言われており、それまでにVMNOを実現できるような議論が必要だとされています。

[12] MNOと2つのVMNO

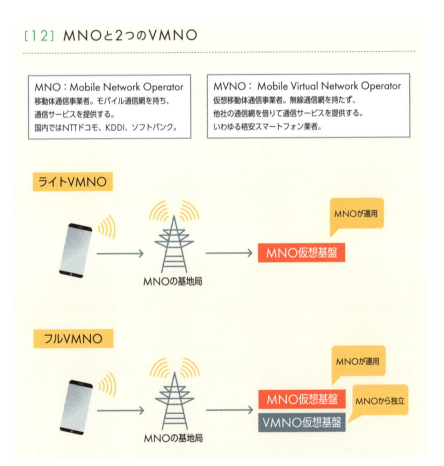

SECTION 13:

企業や自治体が展開する「ローカル5G」サービス

キャリアが提供する5Gに対して、
限定的なエリアをカバーする「ローカル5G」が注目されています。
ランニングコストは安く、参入企業も相次ぎそうですが、
ネットワーク設備に対する初期投資の負担が課題になりそうです。

◆ 期待が集まる「ローカル5G」とは？

　一般的に携帯電話の通信はNTTドコモ、KDDI、ソフトバンクといったキャリアが商用サービスを提供してきました。しかし、5Gでは「ローカル5G」として、企業や自治体が5G通信を提供できるように整備されています。

　建物内や敷地内など、限られたエリアのみで利用するという条件で5Gの免許を与えるのです。土地や建物の所有者が自ら免許を取得するだけでなく、他者が代わりに免許を取得し、その場所に5Gの通信システムを提供することも可能です。

　キャリア4社には3.7GHz帯、4.5GHz帯、28GHz帯が割り当てられていますが、ローカル5Gにも4.5GHz帯の200MHz幅と28GHz帯の900MHz幅が割り当てられています。

◆ 通信コストは下がるが、基地局などの初期投資が必要に

　工場で製造ロボットの管理などを無線化する際に、ローカル5Gを構築しておけば、通信費をゼロにできます。また、キャリアが5Gエリア化しないような過疎地域で自動運転バスを走らせるためにローカル5G網を構築するといった活用方法が期待できます。閉じられたネットワークなのでセキュリティも安心です。

　ただし、企業や自治体がローカル5Gを自前で構築するということは、基地局を自分で設置しなければならず、それなりに初期投資が必要となってきます。また、5Gの電波を使うので電波利用料も発生します。ローカル5Gを構築するにはこうした初期投資やランニングコストを検討する必要があるのです。

ローカル5Gとは別に、「sXGP」という規格も存在します。1.9GHz帯を活用し、プライベートにLTEを使うというものです。Wi-Fiよりも電波が飛ぶことや、高いセキュリティが魅力です。企業などで導入されていた構内PHSの代わりとしても利用できます。すでにiPhoneや国内メーカー製スマートフォンなどsXGP対応の製品が市場で流通しています。ローカル5Gよりも、sXGPのほうが普及が早いかもしれません。

[13] ローカル5G

SECTION 14:

空から携帯電話の電波を降らせる HAPS

通信業界で今熱いのが「空」です。
空の上に基地局を飛ばし、空中から電波を降らそうというアイデアです。
アフリカなどインターネットが整備されていない場所を
一気にエリアできるとあって期待値が上がっています。

◆無人航空機が基地局になる

　通信の未来を語る上で、注目しておきたいのがHAPS（High Altitude Platform Station）です。

　ソフトバンクは、成層圏に無人航空機を飛ばし、広範囲に通信ネットワークを展開するHAPS事業を2023年に海外、2025年には日本でのサービス展開を計画しています。

　成層圏を飛行する無人航空機は、ソーラー発電で稼働します。高度20キロで飛行を続け、1機で直径200キロの範囲をエリア化。日本全体をカバーするには40機の無人航空機が必要となります。無人航空機から飛ぶ電波は、既存の周波数帯となるため、すでに普及しているスマートフォンがそのまま利用できます。

　開発した無人航空機「HAWK30」は赤道からプラスマイナス30度の緯度での範囲でしか飛行できませんが、2025年にはプラスマイナス50度まで飛べる「HAWK50」の開発も計画。ソーラーの発電性能と充電性能を高め、日本の上空でもサービスを提供できるようにしたいと考えています。

◆37億人をネットにつなぐ大プロジェクト

　ソフトバンク副社長兼CTOであり、HAPSモバイル代表取締役兼CEOの宮川潤一氏は「日本では災害対策用に無人航空機を使いたい」と言います。

　とはいえ、HAPSのメイン事業となりそうなのは、まだインターネット回線が発達していない新興国への通信インフラ提供です。先進国では5Gにシフトしつつ

PART3　世の中が変わる意味、さらなる未来

ありますが、地球上にはまだインターネットに接続できていない人たちが37億人もいるといいます。そうしたエリアにインターネット回線を提供するには、「空から電波を降らせる」ことがもっとも効率的というわけです。

この事業でもっとも困難な課題となるのが通信料金の値付けです。宮川氏は「アフリカの子が使ってもらえる値付けが重要になる。慈善事業として通信料金ゼロ円というのもあり得るが、将来にわたって永続するビジネスビジネスモデルを作りあげないといけない」と語ります。

宮川氏が値付けにこだわるのは、ネットにつながっていない37億人に対して、とにかくネットにつながるチャンスを永続的に与えたいという強い願いがあるからです。「この事業は人類の格差を埋めるのが重要なテーマ」とも語っています。

[14] ソフトバンクが実現をめざすHAPS

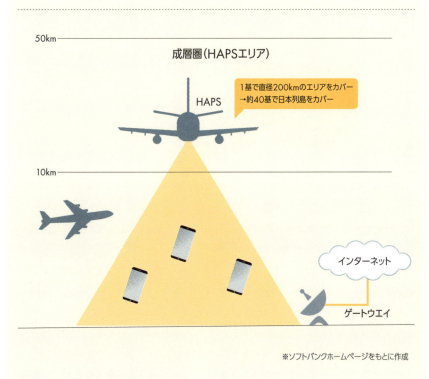

※ソフトバンクホームページをもとに作成

SECTION 15:

PART3 世の中が変わる意味、さらなる未来

2030年、6Gに向けての動き

いよいよ5Gが本格的にスタートしますが、
業界内では早くも6Gの検討が始まろうとしています。
おそらく導入は10年後ぐらいになるでしょう。
はたして、どんな技術に進化しようとしているのでしょうか。

◆動き始めた「6Gへの準備」

通信業界では2030年に向けて6Gの検討が始まろうとしています。6Gでは、当然のことながら、5Gに比べて高速・大容量、超低遅延、多数端末接続のスペックがさらに向上すると予想されます。5Gが20Gbpsの速度を目指して進化中ですが、6Gでは100Gbps〜1Tbpsで、5Gの10〜100倍速くなる方向に動き始めています。また、6Gではさらに低遅延・高速大容量・同時多数接続が可能になるため、5Gでは難しい遠隔手術やレベル5の自動運転など、クリティカルな分野にも応用できるようになると見られています。

◆6G時代のキーワードは「空」?に

6Gへの検討は始まったばかりで、実際にどのような仕様になるのかはわかりません。ただ、「4Gの父」と呼ばれる通信業界のキーマンは「6Gや7Gの時代にはWi-Fiやセルラー通信はすべて1つになるのではないか」と語っていました。スマートフォンやパソコンはWi-Fiや今なら4G、さらにはBluetooth、FeliCaなどさまざまな通信規格に対応していますが、「将来的にはすべて1つの通信技術にまとめられ、それが6Gや7Gになるのではないか」と言うのです。

別のキーマンは「6G時代は空がキーワードになるのではないか」と言います。ソフトバンクのHAPSではないですが、空から電波が降ってくる、あるいは通信対応のドローンが自由に空を飛べるように、空を中心に6Gエリアが構築されていくのではないか、という見立てです。また、5Gの高速・大容量、超低遅延、多数

148

端末接続に加えて「高セキュリティ」「高信頼性」などの特徴が増えると見る人もいます。

　5Gがスタートしたばかりですが、6Gに向けてアイデア出しが始まりつつあるようです。

[15] 6Gの実現イメージ

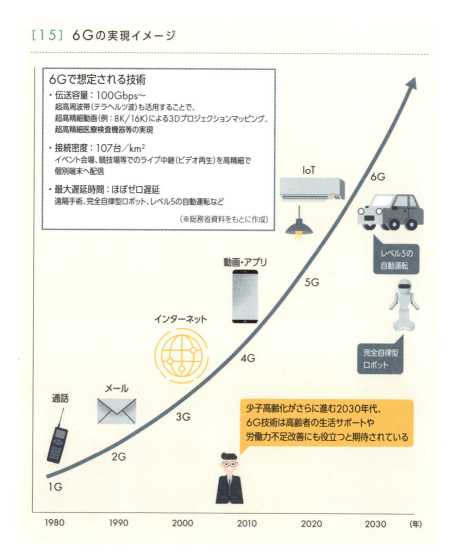

PART3のまとめ

PART3 世の中が変わる意味、さらなる未来

5Gは未来をどう変えるか

1 本格的なIoT社会が到来する

5G時代には、あらゆるものがネットワークにつながるIoT（Internet Of Things）化が加速します。家はスマートホームへ、街はスマートシティへ、工場はスマート工場へ――。そうした流れに呼応し、自治体や工場などが免許を取得せずに5G通信を利用できるようになる「ローカル5G」サービスも始まります。

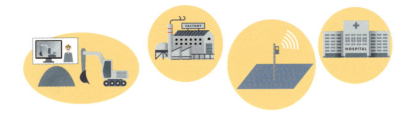

2 通信業界の再編が進む

5G時代に向けて、企業の買収や合併、大型提携が増えています。アメリカでは通信大手ベライゾンがヤフーを買収、日本でもソフトバンクグループのヤフーとLINEの経営統合が発表されました。より充実したコンテンツやサービスの提供、顧客拡大のため、今後もキャリアとネット企業の距離は近くなっていくと見られています。

PART 3では、5Gを取り巻く世界の状況や、私たちの生活への影響について解説し、さらに今後の展開予測をしました。その内容をおさらいしましょう。

SUMMARY　5Gは未来をどう変えるか

3 ユーザーにとってより快適でリーゾナブルなサービスへ

今後普及が進むと予想されているeSIM、総務省の方針、MVNO（格安スマートフォンのサービス業者）がVMNO（仮想通信事業者）に変わっていく流れなどから、今後はますますユーザーにとって乗り換えやすさやサービスの充実度が上がる上、料金体系もリーズナブルになっていきそうです。

4 6Gへのカウントダウンが加速する

日本ではようやく5Gサービスが始まろうとしていますが、すでに通信業界では2030年ごろに始まると予想される6Gの検討が進んでいます。6Gの世界では遠隔手術やレベル5の自動運転も可能になると予想され、わずか10年後ながら社会が大きく変わりそうです。

用語解説

【インダストリー4.0】 ドイツ政府が提唱する、製造業に革新をもたらす取り組み。第4次産業革命とも訳される。オートメーション化を図るとともに製造機器にセンサーと通信を装備し、不良品の発見や機械の故障を防ぐ。IoT化とローカル5Gの導入によりインダストリー4.0が加速すると期待される。

【エッジコンピューティング】 できるだけ端末の近くでデータ処理を行うしくみ。これまで一般的であったクラウドコンピューティングでは、海外にサーバーがあることも多い。これに対し、処理するサーバーを端末の近くである基地局や国内に設置することで低遅延を実現する考え方。

【キャリア（MNO）】 携帯電話会社（MNO：Mobile Network Operater）を指す。海外では携帯電話会社のことを「オペレーター」と呼ぶことも多いが、日本ではキャリアという言葉が浸透している。MNOから通信を借りてサービスを提供している事業者をMVNO（Mobile Virtual Network Operater）という。

【クラウドゲーム】 ゲーム専用機ではなく、インターネット上のクラウドにゲームがあり、回線がつながっていればどこにいてもゲームが楽しめる。負荷の高い処理ができるクラウドが増え、高速な回線も普及していることから現実味を帯びてきた。テレビやタブレット、スマートフォンなど、プラットフォームを問わず遊べるのも魅力。

【コネクテッドカー】 インターネット回線に常につながっているクルマのこと。インターネットにつながり、渋滞や道路の状況をリアルタイムに把握できる。また、多数のクルマがいっせいに情報をクラウドに上げることで、ビッグデータとして新たな価値を生む。NTTドコモでは、車内にWi-Fi環境を提供できる「docomo in Car Connect」を提供。これもコネクテッドカーの1つと言える。

【スマートシティ】 街にセンサーや通信機器を設置し、交通網やエネルギー消費の効率化につなげる取り組み。たとえば信号機に基地局を設置し、クルマと通信できるようにな

れば、信号の状況に合わせて、クルマを自動的に停止させることも可能。渋滞している場所へのクルマの流入を減らすなど、交通網の効率化に寄与する。

【ソサエティ5.0】　IoTやロボット、5GやAIなどの高度な技術を導入して、あらゆる産業や社会にイノベーションをもたらし、社会の課題を解決していこうという取り組み。2016年1月に閣議決定され、日本政府が策定した「第5期科学技術基本計画」の中で用いられている言葉。アベノミクス第3の矢「成長戦略」において重要な役割を担っている。

【ネットワークスライシング】　キャリアの通信ネットワークを仮想的に分割。帯域中のある部分は高速・大容量に適した運用を行い、別の部分は低遅延に向いた運用を行うなど分割することで、ひとつのネットワークでさまざまな用途に効率よく対応できる。3GPP標準仕様Rel.15で初版の技術仕様が策定された。5GにおけるSAで本格的に導入されていく見込み。

【プラチナバンド】　700〜900MH帯で、飛びやすく屋内にも浸透しやすい周波数帯。ソフトバンクがボーダフォンを買収した当時、同社はプラチナバンドを所有しておらず、ユーザーから「つながらない」と不満の声があがっていた。孫正義社長は「プラチナバンドがないとNTTドコモやKDDIと戦えない」と総務省に直訴。テレビが地デジ化されたのち、空いたプラチナバンドを取得して、つながりやすいネットワークになった。

【マルチアングル視聴】　スポーツやコンサートなどを複数の視点からカメラで捉え、ユーザーがスマートフォンなどで自由に視点を変えて視聴するスタイル。高速・大容量が特長である5Gを生かすサービスとして期待されている。2019年9月に日本で開催されたラグビー・ワールドカップの開幕戦において、NTTドコモが5Gプレサービスの一貫として提供した。

【ローカル5G】　キャリアのネットワークではなく、工場などの中で独自に5Gのネットワークを構築し、機械などの監視などに活用する。総務省ではローカル5G用の周波数を用意するなど普及に前向き。また、キャリア以外にも参入できる余地があるため、インフラベンダーや電機メーカーなど、さまざまな企業が新規参入すると予想される。

TERMINOLOGY　用語解説

【遠隔医療】　5Gの超低遅延と手術ロボットを組み合わせ、「遠隔手術」が期待されるが、ネットワークの信頼性などの課題もあり、実現はかなり先になりそう。8Kカメラと5G回線を組み合わせ、遠隔で患者の様子を診察し、現地の医師に指示を送る「遠隔診療」が現実路線とされる。

【空間コンピューティング】　ARやMRなど、人間を取りまく空間を利用するコンピューター技術。たとえば、マイクロソフトの「Holorens2」などのMRデバイスなどを用い、空間上にコンピューターグラフィックスを表示させることで、複数の人間で打ち合わせができるようになる。立体的なコンピューターグラフィックを複数の角度から見て、検討することで、チーム間の意思疎通が図れる。

【自動運転】　クルマに搭載されているLiDAR（レーダーの電波を光に置き換えたセンサー。周囲の物体を立体的に認識する）、カメラ、ミリ波レーダーなどを組み合わせ、自律的に運転することを言う。5Gによって完全な自動運転が実現するかといえば、それは誤解に近い。5Gはあくまでクルマに対して周辺環境の情報を提供したり、自動運転のクルマが停止してしまった際の遠隔操縦のための回線として機能する。

【B2B2X】　NTTグループが掲げるビジネスモデル。「B」（NTTグループ）が「B」（法人）に対してサービスを提供し、最終的には「X」（企業や個人などのエンドユーザー）に対して価値を届けるというもの。一方、KDDIの高橋誠社長は企業が顧客ニーズに合わせて継続的に価値を提供する「リカーリング」のビジネスモデルが重要になるとしている。

【Beyond 5G】　5Gの次、6Gの実現に向けた取り組み。いまから10年後の2030年代のセルラー通信のあり方を模索する。NTTでは、2つの異なる技術で、すでに100Gbps無線伝送を成功させている。将来的には1Tbpsの通信速度も可能となりそう。6Gへの歩みが早くもスタートしているのだ。

【HAPS】　HAPS（High Altitude Platform Station）、成層圏に位置する通信プラットフォームを指す。成層圏に飛行させた航空機などの無人機体を通信基地局のように運用し、広域のエリアに通信サービスを提供できるシステムの総称。発展国や山岳地帯、離島等にインターネット環境を提供できるようになる。

【ICT学習】 パソコン、プロジェクター、電子黒板、タブレットなどのハードウェアを用いる学習。最先端の小学校では、iPadを1人1台所有し、たとえば4、5人のチームで1つのファイルを共有して、Keynote（iOS向けのプレゼンテーションソフト）で課題をこなしていく。先生はすべての生徒の進捗状況をアプリで確認し、遅れ気味の児童にはフォローを入れていく授業が行われている。

【LPWA】 Low Power, Wide Areaの略。明確に定義はされていないが、低消費電力で長距離のデータ通信が可能なネットワークを指す。さまざまな機器などに通信が搭載されるIoTに適しているとされる。キャリアなど免許によって提供される規格としてLTE Cat. M1、LTE Cat.NB1（NB-IoT）があり、ライセンスが不要で提供できる規格にLoRaWAN、Sigfoxがある。

【LTE】 Long Term Evolutionの略。NTTドコモが2004年にコンセプトを提唱。第3世代携帯電話「W-CDMA」の高速データ通信規格「HSPA」をさらに進化させた無線アクセス方式。その後、さらに高度化した通信方式としてLTE-Advancedが導入された。さらにキャリアアグリゲーション（複数の周波数を束ねることで高速化する技術）などさまざまな技術を組み合わせることで、さらなる高速化を実現している。

【MEC】 そもそもMobile Edge Computingという名称でETSI（欧州電気通信標準化機構）のMEC仕様作成グループが仕様を策定。2014年12月からモバイル端末に近い場所で、処理の遅延に厳しいアプリケーションにも対応できるように標準化を目指していた。その後、固定網（FWA：Fixed Wireless Access）やWi-Fiなど複数のアクセス（マルチアクセス）からも可能なように仕様を拡張するため、2017年9月にMEC（Multi-access Edge Computing）へと名称を変更した。

【MaaS】 Mobility as a Serviceの略。IT技術を活用することで、自家用車以外の移動を1つの流れとして快適に提供しようという考え方。ANAでは2019年7月に「MaaS推進部」を設立。将来的には、自宅に迎えのタクシーがやってきて空港に行き、飛行機で地方に飛んだ後、空港を降りると、すぐに貸切タクシーが待っているといったことを「1つのアプリ」でできるようになるかもしれない。

TERMINOLOGY　用語解説

155

TERMINOLOGY　用語解説

【Massive MIMO】　MIMOとは複数のアンテナを使ってデータの送受信を行う無線通信技術を発展させたもの。さらにMassiveとは英語で「大規模な」という意味であり、「大規模なMIMO」となる。LTEの4×4 MIMOでは4本のアンテナを送信側、受信側とも使うが、Massive MIMOでは送信側のアンテナが大幅に増え、数十から数百のアンテナ素子を使用してデータを送信する。

【NSA】　Non-Standaloneの略。2020年春に日本で始まる5GはNSAで構成される。4Gネットワークの上に5Gネットワークを乗せる形となるため、コアネットワークは4G、音声通話もVoLTEという4Gベースとなる。5Gネットワークにつながるにはアンカーバンドと呼ばれるLTEが必要となる。NSAでは高速・大容量ぐらいしかメリットがなく、真の5GサービスはSAまで待つ必要があると言える。

【SA】　Standaloneの略。コアネットワークが5Gをベースとしたものとなり、音声通話も5Gで行える。4Gコアネットワークに依存せず、ネットワークスライシングなども行えるため、「真の5G」と言える。

【RSP（リモートSIMプロビジョニング）】　遠隔でSIMカードに契約情報をなど書き込むこと。たとえばApple Watchのセルラー版は、購入時には契約情報は書き込まれていない。iPhoneのアプリを使うことでNTTドコモやKDDI、ソフトバンクと回線契約を行い、契約情報をApple Watchに書き込むことができる。

【VMNO】　格安スマートフォン事業を展開するMVNO（仮想移動体通信事業者）の業界団体が提唱した5G時代のMVNOのあるべき姿。2つのVMNO（仮想通信事業者）があり、「ライトVMNO」は従来のMVNOに近く、「フルVMNO」は、すべてにおいて、MNOに依存しない独自の付加価値を提供できるような姿を目指す。

【sXGP】　sXGP（Shared eXtended Global Platform）は、1.9GHz帯を使用するTD-LTE方式に準拠した通信システム。これまでPHSで使われていた1.9GHz帯にWiMAXやAXGP（SoftBank 4G）の通信方式を導入した。免許が不要で、企業や組織が独自でLTE網を構築できる。構内PHSの置きかえや、通信制限なく使える独自の通信網として使える。

【Wi-Fi 6】 これまでWi-Fiの規格名は「IEEE 802.11ac」など、覚えにくいもので
あった。そのため、業界団体であるWi-Fi Allianceは、IEEE 802.11axを表す際に「Wi-
Fi 6」という言葉を使用するようにした。IEEE 802.11axはWi-Fiの第6世代であること
を意味する。第5世代に比べて高速化が図られ、Wi-Fi機器のバッテリー寿命ももつという。

【XR】 VR（仮想現実）、MR（複合現実）、AR（拡張現実）の総称。スマートフォン向
け半導体メーカー大手のクアルコムは2019年12月、XR向けチップセット「Snapdragon
XR2」を発表。5Gに対応しており、いつでもどこでも高速通信が可能なXRヘッドセット
が登場すると期待されている。

【DSS】 Dynamic Spectrum Sharingの略。プラチナバンドなど既存の4G向けの周波数
帯に、5Gの電波も共有して吹いてしまうという技術。これにより、5Gのエリアが一気
に広がる可能性がある。すべてのエリアを5G化できれば、NSAからSAへの切り替えも
早期に行える。ただし、日本では法整備も問題もあり、時間がかかる可能性もある。

TERMINOLOGY 用語解説

索引

INDEX

索引

数字

4K ············ 024,076,096,102,106,110
6G ·· 148
8K ·············· 024,072,086,088,102

A~Z

AR ························· 024,054,090,102
Azure ······························· 069,107
CACC ···································· 080
DSS ······································ 140
eSIM ····································· 126
GNSS ···································· 122
GSM ····································· 046
ICT ······································· 090
IoT ·············· 022,028,086,094,100
Massive MIMO ························ 022
MEC ······················ 026,032,108,120
MNO ···································· 142
MR ························ 054,062,068,090
MVNO ·································· 142
NSA ······································ 032
POI ······································· 014
QoS ······································ 142
RAN ······································ 034
RSP ······································ 126
SA ························· 032,036,138,140
VMNO ·································· 142
VR ···························· 024,054,064
XR ·· 024

ア

遠隔手術 ································· 088
遠隔運転 ························ 026,066,082
遠隔制御ロボット ····················· 078
遠隔操作 ································· 076

カ

完全仮想化ネットワーク ············· 034,128

基盤展開率 ································· 092
キャッシュレス決済 ····················· 074
キャリアアグリゲーション ··············· 024
組み込み型SIM ·························· 126

サ

自動運転 ·················· 066,080,082,094,
                                 120,144
周波数帯 ······ 022,024,030,038,073,140
垂直統合モデル ·························· 052
スマートグラス ···························· 062
スマートシティ ···························· 114
センチメートル級測位サービス ··········· 094

タ

多数端末接続 ························ 022,028,032
タッチレスゲート ························· 098
端末割引規制 ·························· 134,136
超低遅延 ·············· 022,026,036,078,100,
                                 120,123
独自基準点 ······························ 122
特許 ······································ 046

ナ・ハ

ネットワークスライシング ················ 032,036
プラチナバンド ·························· 016
フルVMNO ······························ 143
ヘッドマウントディスプレイ ·············· 064

マ

マイネットワーク構想 ···················· 054
マルチアングル視聴 ····················· 108
目視外飛行 ······························ 096

ヤ・ラ

有機ELディスプレイ ····················· 058
ライトVMNO ······························ 142
ローカル5G ························ 101,144

装丁・本文デザイン	浜名信次、井坂真弓(Beach)
撮影	高嶋一成
DTP制作	株式会社造事務所、高木芙美
編集	株式会社造事務所、鈴木ひとみ

編集長	後藤憲司
担当編集	塩見治雄

未来IT図解　これからの5Gビジネス

2020年2月1日　初版第1刷発行

著者	石川 温
発行人	山口康夫
発行	株式会社エムディエヌコーポレーション
	〒101-0051　東京都千代田区神田神保町一丁目105番地
	https://books.MdN.co.jp/
発売	株式会社インプレス
	〒101-0051　東京都千代田区神田神保町一丁目105番地
印刷・製本	中央精版印刷株式会社

Printed in Japan

©2020 Tsutsumu Ishikawa. All rights reserved.

本書は、著作権法上の保護を受けています。著作権者および株式会社エムディエヌコーポレーションとの書面による
事前の同意なしに、本書の一部あるいは全部を無断で複写・複製、転記・転載することは禁止されています。
定価はカバーに表示してあります。

[カスタマーセンター]
造本には万全を期しておりますが、万一、落丁・乱丁などがございましたら、送料小社負担にてお取り替えいたします。
お手数ですが、カスタマーセンターまでご返送ください。

落丁・乱丁本などのご返送先
〒101-0051　東京都千代田区神田神保町一丁目105番地
株式会社エムディエヌコーポレーション カスタマーセンター
TEL:03-4334-2915

書店・販売店のご注文受付
株式会社インプレス　受注センター
TEL:048-449-8040／FAX:048-449-8041

内容に関するお問い合わせ先
株式会社エムディエヌコーポレーション カスタマーセンター メール窓口

info@MdN.co.jp

本書の内容に関するご質問は、Eメールのみの受付となります。メールの件名は「未来IT図解　これからの5Gビジネス　質問係」とお書き
ください。電話やFAX、郵便でのご質問にはお答えできません。ご質問の内容によりましては、しばらくお時間をいただく場合がございま
す。また、本書の範囲を超えるご質問に関しましてはお答えいたしかねますので、あらかじめご了承ください。

ISBN978-4-8443-6956-1　C0033

著者紹介

石川 温（いしかわ つつむ）

　中央大学商学部卒。1998年に日本ホーム出版社（現・日経ＢＰ社）に入社後、日経トレンディ編集部で編集記者として、ヒット商品、クルマ、ホテル、ケータイなどを取材。2003年に独立し、主にスマホ業界を幅広く取材、テレビ、新聞、ラジオ、雑誌でスマホ関連のコメントや記事執筆を多数行う。日経電子版「モバイルの達人」を連載するほか、ラジオNIKKEIにて、毎週木曜20時20分から「石川温のスマホNo.1メディア」のパーソナリティを務める。メルマガ「スマホ業界新聞」を毎週土曜に配信中。

　近著に『仕事の能率を上げる最強最速のスマホ＆パソコン活用術』（朝日新聞出版）がある。All About 携帯電話・スマートフォンガイド。

　Twitterアカウントは@iskw226、YouTubeにて「石川 温のスマホ業界ニュース」も配信。